湖南省创新型省份建设专项（2021ZK4464）等经费资助

高望界
大型真菌图鉴

刘祝祥　张自亮　黄晓辉　编著

中国林業出版社
China Forestry Publishing House

内容简介

　　本书是对湖南高望界国家级自然保护区大型真菌调查研究的成果。吉首大学、湖南省食用菌研究所及高望界国家级自然保护区专业技术人员在自然保护区进行了多年的大型真菌野外调查，采集大型真菌标本1000余号，经鉴定和整理，编写了本书。全书分为三章：第一章简要介绍了湖南高望界国家级自然保护区的自然地理、大型真菌研究概况及大型真菌标本采集情况；第二章为湖南高望界国家级自然保护区大型真菌编目；第三章为大型真菌图鉴，每个物种均配有彩色生境照片，并对物种的形态特征、生境特点进行了详细描述，简要介绍了物种的价值情况。文后附有中文名和学名索引，以便读者检索查阅。

　　本书可供真菌学、生物学领域的科研人员，高等院校师生和生物资源监测保护工作者参考，也可供生物资源与生物多样性科普参考。

图书在版编目（CIP）数据

高望界大型真菌图鉴 / 刘祝祥，张自亮，黄晓辉编
著. -- 北京：中国林业出版社，2024.4
ISBN 978-7-5219-2466-4

Ⅰ.①高… Ⅱ.①刘… ②张… ③黄… Ⅲ.①自然保
护区—大型真菌—古丈县—图集 Ⅳ.①Q949.320.8-64

中国国家版本馆CIP数据核字(2023)第236832号

责任编辑：张华
装帧设计：北京八度出版服务机构
————————————————

出版发行：中国林业出版社
　　　　（100009，北京市西城区刘海胡同7号，电话 010-83143566）
电子邮箱：43634711@qq.com
网址：https://www.cfph.net
印刷：河北京平诚乾印刷有限公司
版次：2024年4月第1版
印次：2024年4月第1版
开本：787mm×1092mm　1/16
印张：21.75
字数：370千字
定价：288.00元

《高望界大型真菌图鉴》
编委会

主 编

刘祝祥　张自亮　黄晓辉

副主编

徐培培　粟贵平　冯立国　向玉国

编 委

（以姓氏拼音排序）

陈　敏	代可欣	冯立国	龚志港	胡汝晓
黄　刚	黄晓辉	黄玉萍	柯明军	孔祥超
兰香英	李映辉	刘祝祥	龙文高	彭丁文
彭清忠	蒲金铭	覃泽海	瞿　爽	粟贵平
谭洪福	田宏梅	汪士政	王本忠	吴　芳
伍利强	向汉国	向　辉	向升怀	向学文
向玉国	肖颖欣	徐　宁	徐培培	杨林雍
张春华	张　鸿	张　信	张　宇	张志林
张自亮				

　　大型真菌是指真菌中形态结构较为复杂、子实体较大、人肉眼能见的种类。大型真菌是生态系统的重要组成部分，在分解有机物、促进生态系统物质循环和维持其稳定性等方面起着不可或缺的作用。部分大型真菌具有较高的营养价值和药用价值，可以转变为经济效益，具有较好的开发应用前景。同时，一些种类还具有毒性，误食后会对人体健康及安全造成威胁。

　　高望界国家级自然保护区位于湖南省西北部古丈县境内，地处我国17个具有全球意义的生物多样性关键地区之一的武陵山脉腹地，地理坐标为110°00′29″～110°14′26″E，28°38′00″～28°45′35″N，总面积17169.8 hm²。境内山地由高望界、鲤鱼池、小高望界、笔架山等主体部分组成。保护区地貌结构独特，海拔跨度大（170～1146 m），山高谷深，土壤垂直带谱分布明显，海拔460 m以下为黄红壤，460～1146 m为山地黄壤。土壤肥沃，呈酸性，pH值多为5～6，适宜多种植物生长。保护区属于中亚热带季风湿润气候类型，气候温和、雨量充沛、光照充足，保存有大面积且十分完整的亚热带低海拔原始次生常绿阔叶林，非常适合大型真菌生长。

　　目前为止，针对高望界国家级自然保护区内大型真菌资源考察的研究较少，其本底情况尚处于未知状态，对于保护区内的大型真菌资源也缺乏科学合理的利用。依据生活经验，当地居民固定采集"枞菌""剥皮菌"等几种大型真菌食用或售卖。一方面，保护区内其他具有食用价值的大型真菌无人采集，造成了资源的浪费；另一方面，对于少数几种大型真菌的掠夺式采集，导致相关菌类资源已经出现了枯竭的现象，对于保护区生态环境的稳定性也有一定影响。

　　为了解高望界国家级自然保护区范围内大型真菌分布情况，合理利用食用菌资源，同时也为了预防大型真菌中毒事件的发生，团队采用样线法和随机踏查法开展了多年大型真菌调查。迄今为止，共采集到大型真菌标本1000余份，采用传统的宏观形态、显微结构观察及现代分子生物学手段相结合的鉴定方法，大型真菌分类地位按照 Index Fungorum（www. indexfungorum. org）网站中最新的系统分类学研究成果并结合 *Dictionary of the Fungi*（Kirk et al., 2008）进行查证和整理，在同一分类等级中，各分类单元按照学名字母顺序排列，地位未定的类群置于其他分类单元之后。本次鉴定出大型真菌 310 种，隶属于 2 门 8 纲 22 目 83 科 167 属。在已经鉴定出的 310 种大型真菌中，共有 90 种可食用大型真菌、24 种可药用大型真菌、56 种有毒大型真菌、33 种食药用菌、5 种同时具有药用价值和毒性、102 种功能不明确。依据《中国生物多样性红色名录——大型真菌卷》，本次保护区发现大型真菌易危（VU）等级种两种，即竹黄 *Shiraia bambusicola* Henn.、近杯伞状粉褶 *Entoloma subclitocyboides* W.M. Zhang；近危（NT）等级种 3 种，即东方陀螺菌 *Gomphus orientalis* R.H. Petersen & M. Zang、树舌灵芝 *Ganoderma applanatum* (Pers.) Pat、杯冠瑚菌 *Artomyces pyxidatus* (Pers.) Jülich。此外，在分类鉴定过程中，发现了 3 个不能确定其分类地位的物种（鸡油菌 1 种、粉褶菌 1 种及新肉齿菌 1 种），可能是潜在新物种，亟待进一步研究。

本书的完成离不开湖南省林业局自然保护地管理处、吉首大学生物资源与环境科学学院和湖南高望界国家级自然保护区管理局领导的重视，也离不开吉首大学生物资源与环境科学学院师生、湖南高望界国家级自然保护区管理局专业技术人员及湖南省食用菌研究所工作人员的辛苦付出。另外，研究生伍利强、汤倩、易雪倩、张鸿、龚志港、汪士政、肖颖欣、瞿爽、代可欣等同学先后多次前往保护区，参与大型真菌资源调查以及标本的采集、制作与鉴定工作，并对相关数据进行整理归类，付出了大量时间。在此，对各位同学所付出的劳动由衷地表示感谢！同时，也要感谢湖南师范大学陈作红老师、张平老师对整个调查、鉴定过程中做出的指导。

由于编著者业务水平有限，书中难免存在错误和不当之处，恳请读者批评指正。

编著者

2023 年 12 月

目　录

第一章

湖南高望界国家级自然保护区
自然地理及大型真菌研究概况

一、自然地理概况

高望界国家级自然保护区位于云贵高原东端，武陵山脉中段，湖南省湘西土家族苗族自治州古丈县东北部，地理坐标为110°00′29″～110°14′26″E，28°38′00″～28°45′35″N。保护区东西长23.1 km，南北宽13.7 km；东接高峰镇，南连岩头寨镇，西临古阳镇，北傍酉水，区域范围涉及1林场（高望界国有林场）3镇（高峰镇、古阳镇、岩头寨镇）13个村的部分区域，土地总面积17169.8 hm²。保护区位于我国具有全球意义的17个生物多样性关键地区之一的武陵山区，区内有亚热带保存完整、面积较大的低海拔常绿阔叶天然原始次生林。保护区位于沅江一级支流酉水河畔，是凤滩大型水库的汇水区，是湖南西部沅水流域重要的水源林区。保护区地质构造古老，山地气候垂直变化大，森林植被类型多样，植被垂直带谱明显，保存完好，是研究我国亚热带常绿阔叶林森林生态系统的生物遗传多样性及其自然演替规律和水源涵养功能与作用的良好基地，是研究恢复与重建退化森林生态系统的天然参照系统，是科学考察、科普教育和教学实习的最佳选择地。

（一）保护区性质

湖南高望界国家级自然保护区是以保护典型的武陵山区亚热带天然阔叶林生态系统、珍稀动植物物种及其栖息地为主，保护自然景观和人文景观为辅，保护与适度开发利用相结合的森林生态系统类型自然保护区。

（二）保护区历史沿革

高望界于1993年8月建立县级自然保护区；2003年6月，经湖南省人民政府批准升级为省级自然保护区；2011年4月，国务院正式批复高望界晋级为国家级自然保护区。

（三）保护区地质、地貌及气候

高望界国家级自然保护区位于云贵高原东端，武陵山脉中段，为沅麻盆地向云贵高原过渡地带，正处于我国东部新华夏系构造第三隆起带中段的古丈-凤凰新华夏亚带，江南地轴中段西侧（武陵山隆起），是古丈复背斜的重要构成部分。保护区地质历史古老，受地质构造影响，形成了西南高东北低的一面坡地形，境内最高处顶堂海拔 1146.2 m，最低处高峰镇镇溪海拔 170 m，高差 976.2 m；山系走向为北东—南西和北西—南东或近东西；水系呈"掌"状分布，加上茂密的森林植被，形成了"放大了的山水丛林盆景"。区内气候为亚热带季风湿润气候，年均太阳辐射量 94.0 kJ/cm²，年均日照时数 1289.0 h，年均气温 15.9℃，极端最高气温 40.3℃，极端最低气温 –9.1℃，大于等于 10℃有效活动积温 4313.1℃，无霜期 260 d，年均降水量 1443.1 mm，年均蒸发量 1013.0 mm，年均风速 1.07 m/s。山高林密使境内温至高而不热，温至低而不刺骨。

二、动、植物资源概况

（一）保护区生物多样性

保护区有维管束植物 196 科 857 属 2247 种。有国家一级保护植物 3 种，国家二级保护植物 28 种，国家重点保护兰科植物 32 种，有湖南省重点保护野生植物 36 种。蕨类植物 27 科 78 属 247 种（含变种），在全国蕨类区系［2339 种（含变种）177 属 38 科］中有相当大的比重，科、属、种分别占全国蕨类区系的 71.06%、44.07%、10.56%。本区种子植物高达 167 科 846 属 1989 种，科、属、种数分别占全国种子植物的 60%、24%、5%，是物种多样性非常丰富的地区之一。保护区共有 3 个植被型组，9 个植被型，74 个群系。高望界国家级自然保护区发现陆生脊椎动物 4 纲 26 目 88 科 274 种，水生脊椎动物 35 种，鸟纲 15 目 52 科 164 种，爬行纲 2 目 10 科 45 种，两栖纲 2 目 7 科 22 种；有昆虫 1807 种。

（二）保护区物种的稀有性

高望界国家级自然保护区有中国种子植物特有属 31 属，占该地总属数 4.82%，占整个中国特有属的 12.06%。区内有国家一级保护植物银杏、红豆杉、南方红豆杉 3 种，国家二级保护植物伯乐树、金毛狗、黄杉、福建观音座莲等 17 种。伯乐树分布面积达 28 hm²，红豆杉、南方红豆杉分布面积达 86 hm²。区内有国家一级保护动物白颈长尾雉、林麝、大灵猫、小灵猫、中华秋沙鸭 5 种，二级保护动物有豹猫、红腹锦鸡、毛冠鹿、鸳鸯等 29 种。

三、大型真菌研究概况

2005年12月，刘世好等对高望界自然保护区大型真菌进行调查，采集到120余份标本，共鉴定出61种大型真菌，分属2门7目16科38属（表1）。

表1 保护区大型真菌分类统计表

门	目	科	属	种
子囊菌门	盘菌目	盘菌科	1	1
	木耳目	木耳科	1	1
	非褶菌目	伏革菌科	1	1
		韧革菌科	1	1
		裂褶菌科	1	1
		齿菌科	1	1
		灵芝科	1	3
		多孔菌科	16	32
担子菌门	牛肝菌目	丝膜菌科	1	1
		球盖菇科	3	4
		口蘑科	6	8
		铆钉菇科	1	1
		牛肝菌科	1	1
	红菇目	红菇科	1	1
	马勃目	马勃科	1	3
	鬼笔目	鬼笔科	1	1
总计	7	16	38	61

2005年后，关于保护区大型真菌研究报道比较少。直到2014年，吉首大学、湖南省食用菌研究所、湖南师范大学、吉林农业大学相关研究者到高望界国家级自然保护区开展标本采集后，又恢复了保护区真菌研究，本书是对最近十年保护区大型真菌调查研究所取得成果的总结展示。

四、大型真菌标本采集情况

吉首大学生物资源与环境科学学院、高望界国家级自然保护区管理局、湖南食用菌研究所工作人员在吉首大学生态学重点学科、保护区基本能力建设项目与湖南省省级科普项目的资助下，对保护区大型真菌进行了比较系统的采集。通过对制定的10条样线上进行多年的大型真菌标本采集，累计采集标本1000余份，对采集的标本进行了基于形态特征和系统发育分析鉴定。研究结果见表2。

表2　高望界国家级自然保护区大型真菌数量统计

门	纲	目	科	属	种
子囊菌门	5	7	15	23	29
担子菌门	3	15	68	144	281
总计	8	22	83	167	310

在鉴定出的标本中，有模式标本产于高望界国家级自然保护区的中华珊瑚菌 *Clavaria sinensis* P. Zhang，有中国新记录种朱红星头鬼笔 *Aseroe coccinea* Imazeki & Yoshimi ex Kasuya，还有3个潜在新物种（鸡油菌、粉褶菌及新肉齿菌各1种）。标本一部分保藏在湖南师范大学真菌标本馆，另一部分保藏在吉首大学植物标本馆。

第二章

湖南高望界国家级自然保护区大型真菌编目

子囊菌门 Ascomycota

地舌菌纲 Geoglossomycetes
地舌菌目 Geoglossales
地舌菌科 Geoglossaceae
地舌菌属 Geoglossum
黑地舌菌 Geoglossum nigritum (Pers.) Cooke

座囊菌纲 Dothideomycetes
格孢菌目 Pleosporales
竹黄科 Shiraiaceae
黄竹属 Shiraia
竹黄 Shiraia bambusicola Henn.

盘菌纲 Pezizomycetes
盘菌目 Pezizales
马鞍菌科 Helvellaceae
马鞍菌属 Helvella
皱柄马鞍菌 Helvella crispa (Scop.) Fr.
马鞍菌 Helvella elastica Bull.
羊肚菌科 Morchellaceae
羊肚菌属 Morchella
粗柄羊肚菌 Morchella crassipes (Vent.) Pers.
小羊肚菌 Morchella deliciosa Fr.
火丝菌科 Pyronemataceae
网孢盘菌属 Aleuria
橙黄网孢盘菌 Aleuria aurantia (Pers.) Fuckel
缘刺盘菌属 Cheilymenia
粪生缘刺盘菌 Cheilymenia fimicola (De Not. & Bagl.) Dennis
盾盘菌属 Scutellinia
盾盘菌 Scutellinia scutellata (L.) Lambotte
胶陀盘菌属 Trichaleurina
窄孢胶陀盘菌 Trichaleurina tenuispora M. Carbone, Yei Z. Wang & Cheng L. Huang
肉杯菌科 Sarcoscyphaceae
小口盘菌属 Microstoma
大孢小口盘菌 Microstoma insititium (Berk. & M.A. Curtis) Boedijn
歪盘菌属 Phillipsia
中华歪盘菌 Phillipsia chinensis W.Y. Zhuang
肉杯菌属 Sarcoscypha
西方肉杯菌 Sarcoscypha occidentalis (Schwein.) Sacc.

粪壳菌纲 Sordariomycetes
肉座菌目 Hypocreales
虫草科 Cordycipitaceae
虫草属 Cordyceps
细脚虫草 Cordyceps tenuipes (Peck) Kepler, B. Shrestha & Spatafora
掘氏梅里属 Drechmeria
古尼虫草 Drechmeria gunnii (Berk.) Spatafora, Kepler & C.A. Quandt
棒束孢属 Isaria
蝉花 Isaria cicadae Miquel
线虫草科 Ophiocordycipitaceae
线虫草属 Ophiocordyceps
发虫草 Ophiocordyceps crinalis (Ellis ex Lloyd) G.H. Sung, J.M. Sung
蚁窝线虫草 Ophiocordyceps formicarum (Kobayasi) G.H. Sung
垂头虫草 Ophiocordyceps nutans (Pat.) G.H. Sung, J.M. Sung, Hywel–Jones & Spatafora
炭角菌目 Xylariales
胶炭团科 Hypoxylaceae
层炭壳属 Daldinia
炭球菌 Daldinia concentrica (Bolton) Ces. & De Not.
炭团菌属 Hypoxylon
山地炭团菌 Hypoxylon monticulosum Mont.
炭角菌科 Xylariaceae
炭角菌属 Xylaria
果生炭角菌 Xylaria carpophila (Pers.) Fr.
炭角菌 Xylaria hypoxylon (L.) Grev.
多型炭棒 Xylaria polymorpha (Pers.) Grev.

锤舌菌纲 Leotiomycetes
斑痣盘菌目 Rhytismatales
地锤菌科 Cudoniaceae
地锤菌属 Cudonia
黄地锤菌 Cudonia lutea (Peck) Sacc.
柔膜菌目 Helotiales
绿杯菌科 Chlorociboriacea
绿杯菌属 Chlorociboria
波托杯盘菌 Chlorociboria poutoensis P.R. Johnst.

耳盘菌科 Cordieritidaceae

　耳盘菌属 Cordierites

　　叶状耳盘菌 Cordierites frondosus (Kobayasi) Korf

柔膜菌科 Pezizellaceae

　小双孢盘菌属 Calycina

橘色小双孢盘菌 Calycina citrina (Hedw.) Gray

锤舌菌目 Leotiales

锤舌菌科 Leotiaceae

　锤舌菌属 Leotia

　　润滑锤舌菌 Leotia lubrica (Scop.) Pers.

担子菌门 Basidiomycota

蘑菇纲 Agaricomycetes

地星目 Geastrales

地星科 Geastraceae

　地星属 Geastrum

　　木生地星 Geastrum mirabile Mont.

　　袋形地星 Geastrum saccatum Fr.

塔氏菌科 Tapinellaceae

　塔氏菌属 Tapinella

　　黑毛小塔氏菌 Tapinella atrotomentosa (Batsch) Šutara

　　小塔氏菌 Tapinella panuoides (Fr.) E.–J. Gilbert

钉菇目 Gomphales

钉菇科 Gomphaceae

　胶鸡油菌属 Gloeocantharellus

　　桃红胶鸡油菌 Gloeocantharellus persicinus T.H. Li, Chun Y. Deng & L.M. Wu

　陀螺菌属 Gomphus

　　东方陀螺菌 Gomphus orientalis R.H. Petersen & M. Zang

　枝瑚菌属 Ramaria

　　柯奇式枝瑚菌 Ramaria cokeri R.H. Petersen

木瑚菌科 Lentariaceae

　木瑚菌属 Lentaria

　　竹林木瑚菌 Lentaria bambusina P. Zhang & Zuo H. Chen

多孔菌目 Polyporaleas

齿毛菌科 Cerrenaceae

　齿毛菌属 Cerrena

　　环带齿毛菌 Cerrena zonata (Berk.) H.S. Yuan

拟层孔菌科 Fomitopsidaceae

　拟层孔菌属 Fomitopsis

　　松生拟层孔菌 Fomitopsis pinicola (Sw.) P. Karst.

　剥管菌属 Piptoporus

　　梭伦剥管孔菌 Piptoporus soloniensis (Dubois) Pilát

灵芝科 Ganodermataceae

　灵芝属 Ganoderma

　　树舌灵芝 Ganoderma applanatum (Pers.) Pat

　　灵芝 Ganoderma lingzhi Sheng H.Wu, Y. Cao & Y.C. Dai

　　紫芝 Ganoderma sinense J.D. Zhao, L.W. Hsu & X.Q. Zhang

树花孔菌科 Grifolaceae

　树花属 Grifola

　　灰树花 Grifola frondosa (Dicks.) Gray

炮孔菌科 Laetiporaceae

　炮孔菌属 Laetiporus

　　硫色炮孔菌 Laetiporus sulphureus (Bull.) Murrill

　　变孢炮孔菌 Laetiporus versisporus (Lloyd) Imazeki

皱皮菌科 Meruliaceae

　小薄孔菌属 Trullella

　　柔韧小薄孔菌 Trullella duracina (Pat.) Zmitr.

革耳科 Panaceae

　革耳属 Panus

　　新粗毛革耳 Panus neostrigosus Drechsler–Santos & Wartchow

原毛平革菌科 Phanerochaetaceae

　伏革菌属 Terana

　　蓝伏革菌 Terana coerulea (Lam.) Kuntze

多孔菌科 Polyporaceae

　蜡孔菌属 Cerioporus

　　宽鳞多孔菌 Cerioporus squamosus (Fr.) Quél.

　隐孔菌属 Cryptoporus

　　中国隐孔菌 Cryptoporus sinensis Sheng H.Wu & M. Zang

　拟迷孔菌属 Daedaleopsis

　　裂拟迷孔菌 Daedaleopsis confragosa (Bolton) J. Schrot.

毒红菇 *Russula emetica* (Schaeff.) Pers

日本红菇 *Russula japonica* Hongo

绒紫红菇 *Russula mariae* Peck

稀褶黑菇 *Russula nigricans* Fr.

假致密红菇 *Russula pseudocompacta* A. Ghosh, K. Das, R.P. Bhatt & Buyck

茶褐红菇 *Russula sororia* (Fr.) Romell

菱红菇 *Russula vesca* Fr.

变绿红菇 *Russula virescens* (Schaeff.) Fr.

红边绿菇 *Russula viridirubrolimbata* J.Z.Ying

韧革菌科 Stereaceae

韧革菌属 *Stereum*

扁韧革菌 *Stereum ostrea* (Blume & T. Nees) Fr.

褐褶菌目 Gloeophyllales

褐褶菌科 Gloeophyllaceae

新香菇属 *Neolentinus*

洁丽新香菇 *Neolentinus lepideus* (Fr.) Redhead & Ginns

鸡油菌目 Cantharellales

鸡油菌科 Cantharellaceae

喇叭菌属 *Craterellus*

灰褐喇叭菌 *Craterellus atrobrunneolus* T. Cao & H.S. Yuan

灰喇叭菌 *Craterellus cornucopioides* (L.) Pers.

齿菌科 Hydnaceae

鸡油菌属 *Cantharellus*

鸡油菌 *Cantharellus cibarius* Fr.

小鸡油菌 *Cantharellus minor* Peck

鸡油菌一种 *Cantharellus* sp.

锁瑚菌属 *Clavulina*

晶紫锁瑚菌 *Clavulina amethystina* (Bull.) Donk

齿菌属 *Hydnum*

卷缘齿菌 *Hydnum repandum* L.

蘑菇目 Agaricales

蘑菇科 Agricaceae

蘑菇属 *Agaricus*

球基蘑菇 *Agaricus abruptibulbus* Peck

蘑菇 *Agaricus campestris* L.

假紫红蘑菇 *Agaricus parasubrutilescens* Callac & R.L. Zhao

紫肉蘑菇 *Agaricus porphyrizon* P.D. Orton

林地蘑菇 *Agaricus silvaticus* Schaeff.

鬼伞属 *Coprinus*

毛头鬼伞 *Coprinus comatus* (O.F. Müll.) Pers.

黑蛋巢菌属 *Cyathus*

隆纹黑蛋巢菌 *Cyathus striatus* (Huds.) Willd.

环柄菇属 *Lepiota*

锐鳞环柄菇 *Lepiota aspera* (Pers.) Quél

黑顶环柄菇 *Lepiota atrodisca* Zeller

栗色环柄菇 *Lepiota castanea* Quél.

雪白环柄菇 *Lepiota nivalis* W.F. Chiu

白鬼伞属 *Leucocoprinus*

纯黄白鬼伞 *Leucocoprinus birnbaumii* (Corda) Singer

脆黄白鬼伞 *Leucocoprinus fragilissimus* (Ravenel ex Berk. & M.A. Curtis) Pat.

大环柄菇属 *Macrolepiota*

脱皮高大环柄菇 *Macrolepiota detersa* Z. W. Ge, Zhu L. Yang & Vellinga

鹅膏科 Amanitaceae

鹅膏属 *Amanita*

缠足鹅膏 *Amanita cinctipes* Corner & Bas

小托柄鹅膏 *Amanita farinosa* Schwein.

格纹鹅膏 *Amanita fritillaria* (Sacc.) Sacc.

灰花纹鹅膏 *Amanita fuliginea* Hongo

粉褶鹅膏 *Amanita incarnatifolia* Zhu L.Yang

异味鹅膏 *Amanita kotohiraensis* Nagas. & Mitan

长棱鹅膏 *Amanita longistriata* S. Imai

隐花青鹅膏 *Amanita manginiana* Har. & Pat.

拟卵盖鹅膏 *Amanita neoovoidea* Har. & Pat.

欧氏鹅膏 *Amanita oberwinklerana* Zhu L. Yang & Yoshim.

东方黄盖鹅膏 *Amanita orientigemmata* Zhu L.Yang&Yoshim. Doi

小豹斑鹅膏 *Amanita parvipantherina* Zhu L. Yang, M. Weiss & Oberw.

土红鹅膏 *Amanita rufoferruginea* Hongo

刻鳞鹅膏 *Amanita sculpta* Corner & Bas

中华鹅膏 *Amanita sinensis* Zhu L. Yang

杵柄鹅膏 *Amanita sinocitrina* Zhu L. Yang, Zuo H. Chen & Z.G. Zhang

角鳞灰鹅膏 *Amanita spissacea* S. Imai

残托鹅膏 *Amanita sychnopyramis* f. *subannulata* Hongo

蜡伞科 Hygrophoraceae
　湿果伞属 Gliophorus
　　青绿湿果伞 Gliophorus psittacinus
　　(Schaeff.) Herink
　湿伞属 Hygrocybe
　　变黑湿伞 Hygrocybe conica (Schaeff.) P. Kumm
　　胶柄湿伞 Hygrocybe glutinipes (J.E. Lange)
　　R. Haller Aar.
　　稀褶湿伞 Hygrocybe sparsifolia T.H. Li &
　　C.Q. Wang

层腹菌科 Hymenogastraceae
　盔孢伞属 Galerina
　　苔藓盔孢伞 Galerina hypnorum (Schrank)
　　Kühner
　　条盖盔孢伞 Galerina sulciceps (Berk.)
　　Boedijn
　　多型盔孢伞 Galerina triscopa (Fr.) Kühner
　裸伞属 Gymnopilus
　　热带紫褐裸伞 Gymnopilus dilepis (Berk. &
　　Broome) Singer
　　橙裸伞 Gymnopilus junonius (Fr.) P.D. Orton
　沿丝伞属 Naematoloma
　　烟色垂幕菇 Hypholoma capnoides (Fr.) P.
　　Kumm
　　簇生垂幕菇 Hypholoma fasciculare (Huds.)
　　P. Kumm.

丝盖伞科 Inocybaceae
　丝盖伞属 Inocybe
　　尖顶丝盖伞 Inocybe napipes J.E. Lange
　　裂丝盖伞 Inocybe rimosa Britzelm

马勃科 Lycoperdaceae
　灰球菌属 Bovista
　　小灰球菌 Bovista pusilla (Batsch) Pers.
　秃马勃属 Calvatia
　　粟粒皮秃马勃 Calvatia boninensis S. Ito &
　　S. Imai
　　头状秃马勃 Calvatia craniiformis (Schw.)
　　Fr.
　马勃属 Lycoperdon
　　藓生马勃 Lycoperdon ericaeum Bonord.
　　网纹马勃 Lycoperdon perlatum Pers.

离褶伞科 Lyophyllaceae
　星孢寄生菇属 Asterophora
　　星孢寄生菇 Asterophora lycoperdoides
　　(Bull.)Ditmar

　蚁巢伞属 Termitomyces
　　小蚁巢伞 Termitomyces microcarpus (Berk.
　　& Broome) R. Heim

小皮伞科 Marasmiaceae
　毛皮伞属 Crinipellis
　　粗糙毛皮伞 Crinipellis scabella (Alb. &
　　Schwein.) Murrill
　白纹伞属 Leucoinocybe
　　黄鳞白纹伞 Leucoinocybe auricoma (Har.
　　Takah.) Matheny
　小皮伞属 Marasmius
　　贝科拉小皮伞 Marasmius bekolacongoli
　　Beeli
　　红盖小皮伞 Marasmius haematocephalus
　　(Mont.) Fr.
　　雪白小皮伞 Marasmius niveus Mont.
　　淡赭色小皮伞 Marasmius ochroleucus
　　Desjardin & E. Horak
　　硬柄小皮伞 Marasmius oreades (Bolton) Fr.
　　苍白小皮伞 Marasmius pellucidus Berk. &
　　Broome
　大金钱菌属 Megacollybia
　　杯伞状大金钱菌 Megacollybia clitocyboidea
　　R.H. Petersen et al.
　　宽褶大金钱菌 Megacollybia platyphylla
　　(Pers.) Kotl. & Pouzar

小菇科 Mycenaceae
　雅典娜小菇属 Atheniella
　　香小菇 Atheniella adonis (Bull.) Redhead,
　　Moncalvo, Vilgalys, Desjardin & B.A. Perry
　　黄白小菇 Atheniella flavoalba (Fr.) Redhead,
　　Moncalv
　半小菇属 Hemimycena
　　乳白半小菇 Hemimycena lactea (Pers.) Singer
　　假皱波半小菇 Hemimycena pseudocrispata
　　(Valla) Maas Geest.
　小菇属 Mycena
　　弯生小菇 Mycena adnexa T.Bau & Q.Na
　　盔盖小菇 Mycena galericulata (Scop.)Gray
　　血红小菇 Mycena haematopus (Pers.) P. Kumm.
　　洁小菇 Mycena pura (Pers.) P. Kumm
　　基盘小菇 Mycena stylobates (Pers.) P. Kumm
　干脐菇属 Xeromphalina
　　短柄干脐菇 Xeromphalina brevipes T. Bau
　　& L.N. Liu

黑木耳 *Auricularia heimuer* F. Wu, B.K.
Cui & Y.C. Dai

短毛木耳 *Auricularia villosula* Malysheva

黑耳属 *Exdia*

黑胶耳 *Exidia glandulosa* (Bull.) Fr.

刺银耳属 *Pseudohydnum*

胶质刺银耳 *Pseudohydnum gelatinosum*
（Scop.）P. Karst.

牛肝菌目 Boletales
牛肝菌科 Boletaceae
南方牛肝菌属 *Austroboletus*
纺锤孢南方牛肝菌 *Austroboletus fusisporus*
(Kawam. ex Imazeki & Hongo) Wolfe

淡黄绿南方牛肝菌 *Austroboletus subvirens*
(Hongo) Wolfe

条孢牛肝菌属 *Boletellus*
木生条孢牛肝菌 *Boletellus emodensis*
(Berk.) Singer

牛肝菌属 *Boletus*
灰褐牛肝菌 *Boletus griseus* Forst

紫褐牛肝菌 *Boletus violaceofuscus* W.F. Chiu

美牛肝菌属 *Caloboletus*
象头山牛肝菌 *Caloboletus xiangtoushanensis*
Ming Zhang, T.H. Li & X.J. Zhong

辣牛肝菌属 *Chalciporus*
辣牛肝菌 *Chalciporus piperatus* (Bull.) Bataille

裘氏牛肝菌属 *Chiua*
绿盖裘氏牛肝菌 *Chiua virens* (W.F. Chiu)
Y.C.Li & Zhu L.Yang

网孢牛肝菌属 *Heimioporus*
日本网孢牛肝菌 *Heimioporus japonicus*
(Hongo) E. Horak

拟疣柄牛肝菌属 *Hemileccinum*
皱盖拟疣柄牛肝菌 *Hemileccinum rugosum*
G. Wu & Zhu L. Yang

兰茂牛肝菌属 *Lanmaoa*
兰茂牛肝菌 *Lanmaoa asiatica* G. Wu &
Zhu L. Yang

大盖兰茂牛肝菌 *Lanmaoa macrocarpa*
N.K. Zeng, H. Chai & S. Jiang

褶孔牛肝菌属 *Phylloporus*
美丽褶孔牛肝菌 *Phylloporus bellus* (Mass.)
Corner

厚囊褶孔牛肝菌 *Phylloporus pachycystidiatus*
N.K. Zeng, Zhu L. Yang & L.P. Tang

红果褶孔牛肝菌 *Phylloporus rubiginosus*
M. A. Neves & Hailing

粉末牛肝菌属 *Pulveroboletus*
黄粉末牛肝菌 *Pulveroboletus ravenelii*
(Berk. & M.A. Curtis) Murrill

红鳞粉末牛肝菌 *Pulveroboletus*
rubroscabrosus N. K. Zeng & Zhu L. Yang

网柄牛肝菌属 *Retiboletus*
中华网柄牛肝菌 *Retiboletus sinensis* N.K.
Zeng & Zhu L. Yang

张飞网柄牛肝菌 *Retiboletus zhangfeii* N.K.
Zeng & Zhu L. Yang

红牛肝菌属 *Rubroboletus*
宽孢红牛肝菌 *Rubroboletus latisporus*
Kuan Zhao & Zhu L. Yang

皱盖牛肝菌属 *Rugiboletus*
远东皱盖牛肝菌 *Rugiboletus*
extremiorientalis (Lj. N. Vassiljeva) G. Wu
& Zhu L. Yang

松塔牛肝菌属 *Strobilomyces*
刺头松塔牛肝菌 *Strobilomyces*
echinocephalus Gelardi & Vizzini

粉孢牛肝菌属 *Tylopilus*
玉红牛肝菌 *Tylopilus balloui* (Peck) Singer

新苦粉孢牛肝菌 *Tylopilus neofelleus* Hongo

丽口菌科 Calostomataceae
丽口菌属 *Calostoma*
日本丽口菌 *Calostoma japonicum* Henn.

双被地星科 Diplocystidiaceae
硬皮地星属 *Astraeus*
硬皮地星 *Astraeus hygrometricus* (Pers.) Morgan

铆钉菇科 Gomphidiaceae
色钉菇属 *Chroogomphus*
绒毛色钉菇 *Chroogomphus tomentosus*
(Murr.) O.K. Mil

铆钉菇属 *Gomphidius*
红铆钉菇 *Gomphidius roseus* (Fr.) Fr.

圆孔牛肝菌科 Gyroporaceae
圆孔牛肝菌属 *Gyroporus*
长囊体圆孔牛肝菌 *Gyroporus*
longicystidiatus Nagas.& Hongo

桩菇科 Paxillaceae
桩菇属 *Paxillus*
东方桩菇 *Paxillus orientalis* Gelardi,
Vizzini, E. Horak & G. Wu

第三章

湖南高望界国家级自然保护区大型真菌图鉴

01 黑地舌菌
Geoglossum nigritum (Pers.) Cooke

形态特征：子实体小，长5～8 cm，单生，黑色，具细长柄；可育部分高度为总高的1/3～1/2，长舌形至舌形，扁平，最宽处横切面2～5 mm×1～1.5 mm，顶端及四周可育；不育菌柄直径1～2 mm，近圆柱形；子囊173.0～245.0 μm×17.0～20.0 μm，长棒形，具8个子囊孢子，幼嫩时无色，成熟后褐色；子囊孢子棒形至圆柱形，下端稍窄，多具7个隔膜，初无色，后褐色，77.0～93.0 μm×5.0～6.0 μm。

生　　境：夏秋季腐生于针阔混交林苔藓丛中。

价　　值：未知。

02 竹黄
Shiraia bambusicola Henn.

形态特征：子座长3～5 cm，直径1～3 cm，疣状至鸡肾状，表面粉红色、肉红色至
淡肉红色，遇氢氧化钾变蓝绿色；内部菌肉红色。子囊壳近球形，埋生
于子座内；子囊350.0～400.0 μm × 20.0～30.0 μm，含6～8个子囊孢子，
在梅氏试剂中不变色；子囊孢子梭形，有砖隔状分隔，近无色至淡黄色，
60.0～80.0 μm × 15.0～25.0 μm；侧丝线形，直立，直径1.0～2.0 μm。

生　　境：夏秋季生于竹子的枝秆上。

价　　值：可药用。

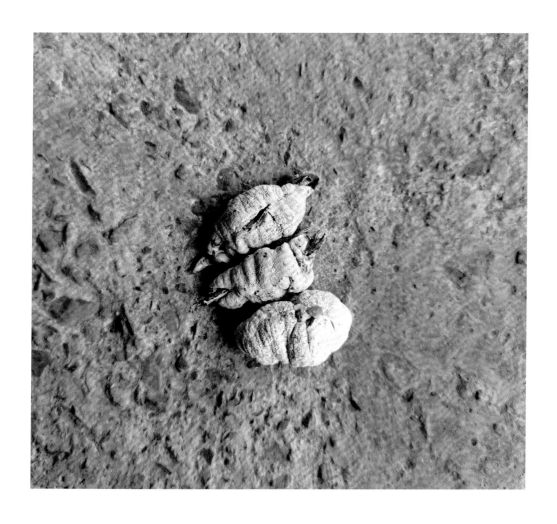

03 皱柄马鞍菌
Helvella crispa (Scop.) Fr.

形态特征：子囊果较小，菌盖直径2～6 cm，初始马鞍形，后张开呈不规则瓣片状，白色至淡黄色，边缘与柄不相连；子实层生菌盖表面，光滑，常有褶皱；菌柄长3～4 cm，直径2～3 cm，白色，圆柱形，有纵生深槽，形成纵棱；子囊240.0～300.0 µm×12.0～18.0 µm，圆柱形；子囊孢子8个，单行排列，宽椭圆形，光滑至粗糙，无色，13.0～20.0 µm×10.0～15.0 µm。

生　　境：单生或群生于林中地上。

价　　值：可食用，味道较好。

04 马鞍菌
Helvella elastica Bull.

形态特征：子囊果小，菌盖直径2～4 cm，马鞍形，蛋壳色至褐色或近黑色，表面平滑或卷曲，边缘与柄分离；菌柄长4～9 cm，直径0.6～0.8 cm，圆柱形，蛋壳色至白色，表面粗糙呈粉粒状；子囊200.0～280.0 μm×15.0～20.0 μm，含子囊孢子8个，单行排列；子囊孢子椭圆形，近光滑，内含一大油滴，无色，17.0～20.0 μm×10.0～13.0 μm。

生　　境：夏秋季生于林中地上，往往成群生长。

价　　值：有毒。

05 粗柄羊肚菌
Morchella crassipes (Vent.) Pers

形态特征：子囊盘长5～7 cm，宽5 cm，圆锥形，表面有许多凹坑，似羊肚状，凹坑近圆形或不规则形，大而浅，淡黄色至黄褐色，交织成网状，网棱窄；菌柄长3～8 cm，直径0.5～1.5 cm，粗壮，基部膨大，稍有凹槽；子囊孢子10.0～13.0 μm × 22.0～25.0 μm，椭圆形或圆形，大小较均匀，无色。

生　　境：春夏之交生于潮湿地上。

价　　值：可食、药用。

06 小羊肚菌
Morchella deliciosa Fr.

形态特征：子囊果较小，高4～10 cm；菌盖圆锥形，高1.7～3.3 cm，直径0.8～1.5 cm，凹坑往往长圆形，浅褐色，棱纹常纵向排列，有横脉相互交织，边缘与菌盖连接一起；菌柄长2.5～6.5 cm，直径0.5～1.8 cm，近白色至浅黄色，基部往往膨大且有凹槽；子囊300.0～500.0 μm×16.0～25.0 μm，圆柱形；子囊孢子椭圆形，单行排列，18.0～20.0 μm×10.0～11.0 μm。

生　　境：生于稀疏林地上。

价　　值：可食用。

07 橙黄网孢盘菌
Aleuria aurantia (Pers.) Fuckel

形态特征：子囊盘中等大小，宽3～8 cm，呈盘状或浅杯状，侧斜似耳状，边缘波
　　　　　状或内卷，外侧面浅杏黄色至橙黄色，表面光滑，无柄，干后脆而硬；
　　　　　子囊圆柱形，200.0～230.0 μm×12.0～13.0 μm；子囊孢子椭圆形，平滑，
　　　　　微黄色，18.0～20.0 μm×10.0～11.5 μm。

生　　境：生于阔叶林地上。

价　　值：有毒。

08 粪生缘刺盘菌

Cheilymenia fimicola (De Not. & Bagl.) Dennis

形态特征：子囊盘小，直径 2～10 mm，呈浅杯或浅盘状，黄色至橘黄色，无柄，内表面光滑，外表面被浅褐色至无色的纤毛，毛顶端尖锐；子囊柱状，170.0～200.0 μm × 14.0～18.0 μm，基部收缩；子囊孢子椭圆形至长椭圆形，无色，光滑，17.0～18.0 μm × 8.0～9.5 μm。

生　　境：散生或群生于动物粪便上。

价　　值：能分解纤维素。

09 盾盘菌

Scutellinia scutellata (L.) Lambotte

形态特征：子囊盘小，直径3～15 mm，盘状或盾状；子实层面橙黄色至橙红色，老后或干后变浅色，平滑，边缘及下表面长有栗褐色刚毛，直硬，顶端尖；子囊175.0～240.0 μm×12.0～18.0 μm，圆柱形；子囊孢子椭圆形至广椭圆形，有小疣，无色至浅黄色，14.0～18.0 μm×9.5～11.0 μm。

生　　境：夏秋季生于阔叶林地上。

价　　值：未知。

1.0 窄孢胶陀盘菌

Trichaleurina tenuispora M. Carbone, Yei Z. Wang & Cheng L. Huang

形态特征：子囊果陀螺状或鼓状，顶部盘面直径5～10 cm，高4～8 cm；子实层面幼时灰黄色，后渐渐呈褐色或深褐色，成熟时黑褐色，平展或有龟裂；囊盘背面（子囊果侧面）褐色或烟褐色，表面有褐色短绒毛；内部菌肉强烈胶质化，灰色或灰白色；子囊圆柱状，410.0～520.0 μm×15.0～18.0 μm，内含8个单行排列的子囊孢子；侧丝线状，无色，薄壁，分隔，与子囊等长，顶部棒状；子囊孢子无色，长椭圆形，两端稍锐，表面有小的疣状突起，25.0～25.0 μm×9.0～12.0 μm。

生　　境：夏秋季单生或群生于栎树林枯枝上。

价　　值：有毒。

11 大孢小口盘菌
Microstoma insititium (Berk. & M.A. Curtis) Boedijn

形态特征：子囊盘小，宽 15 mm，高 25 mm，深杯形，下部近白色，向上渐为肉色；子囊层表面及杯缘有长毛；毛状物刚毛状，具分隔，顶端尖锐；子囊 400.0～450.0 μm × 14.0～17.0 μm，含孢子 8 个，单行排列；子囊孢子不等边梭形，往往稍弯曲，无色，45.0～55.0 μm × 9.0～11.0 μm。

生　　境：夏秋季常群生于溪边腐木上。

价　　值：未知。

1.2 中华歪盘菌
Phillipsia chinensis W.Y. Zhuang

形态特征：子囊盘直径1～5 cm，盘形至歪盘形，无柄至近无柄；子实层表面紫红色、污紫红色，有淡色斑点；囊盘被颜色较淡；子囊350.0～380.0 μm×15.0～18.0 μm，近圆柱形，基部变细，壁较厚，具8个子囊孢子；子囊孢子23.0～30.0 μm×11.0～14.0 μm，不等边椭圆形，两端稍钝，外表具7～11条细脊状纵纹。

生　　境：夏秋季生于腐木上。

价　　值：未知。

1.3 西方肉杯菌
Sarcoscypha occidentalis (Schwein.) Sacc.

形态特征：子囊盘直径3～6 cm，初期杯状，成熟后平展至碗状，近无柄或具短柄；子实层表面绯红色，子囊盘外表面同色但较浅，有少量白色绒毛；菌肉淡红色，侧丝呈线形，细长，具横隔，直径2.0～4.0 μm；子囊350.0～400.0 μm × 12.0～15.0 μm，具8个子囊孢子，单行排列；子囊孢子椭圆形至柱形，无色，表面光滑，15.0～22.0 μm × 8.0～12.0 μm。

生　　境：夏秋季常群生于腐木或落枝上。

价　　值：未知。

14 细脚虫草
Cordyceps tenuipes (Peck) Kepler, B. Shrestha & Spatafora

形态特征：孢梗束从寄主各部位长出，不规则分枝，长2～9 cm；新鲜核中的中心
　　　　　核呈黄色，由平行的菌丝组成，直径2～5 mm；顶端白色至浅黄色；孢
　　　　　子柄呈细颈瓶状，基部3.8～5.5 μm×1.5～2.0 μm；分生孢子呈圆柱形或
　　　　　略微弯曲，2.5～5.0 μm×1.0～2.5 μm。

生　　境：夏秋季单生于林内，寄生于蛾蛹体及其幼虫上。

价　　值：可药用。

15 古尼虫草
Drechmeria gunnii (Berk.) Spatafora, Kepler & C.A. Quandt

形态特征：子座从寄主头部发出，一般单生；柄白色、淡黄色至鼠灰色，长
10～90 mm，直径5～6 mm；头部一般灰白色至灰黑色，狭长卵形至柱
状，单生或二叉分枝，若受损或折断可丛生，一般8～22 mm×5～8 mm，
成熟时与柄的界限分明；无不育顶端；子囊壳拟卵形或长瓶形，
700.0～910.0 μm×200.0～300.0 μm，埋生，成熟时孔口外露；子囊长柱
形，200.0～450.0 μm×6.5～7.5 μm；子囊帽直径7.5 μm；子囊孢子8个，
丝状，成熟时断裂成次生子囊孢子，4.0～6.5 μm×2.0～3.0 μm。

生　　境：夏秋季单生于林内，寄生于蝙蝠蛾科幼虫上。

价　　值：可食、药用。

1.6 蝉花（无性型）
Isaria cicadae Miquel

形态特征：孢梗束从寄主头部长出，1至多个，高5～10 cm；柄柱状，有时扁，褐色至淡黄色，上部分枝成棒状、帚状或球簇状，高2～3 cm；分生孢子成熟时为白色，粉状，卵形、椭圆形或纺锤形，5.0～9.0 μm×2.0～3.0 μm。

生　　境：夏秋季寄生于蝉的幼虫体上。

价　　值：可食、药用。

1.7 发虫草
Ophiocordyceps crinalis (Ellis ex Lloyd) G.H. Sung, J.M. Sung

形态特征：子座从寄主体的任何部位出现，长丝状，长 5～8 cm，直径 0.3～1 mm，从下往上变小，有或没有不育的锐尖，淡灰褐色，表面扭曲或具条纹，暗沉；周围组织由不规则密集排列的细长细胞组成；子囊壳由 2.5～3.5 μm 厚的菌丝组成，埋生，不均匀分布，卵球形，300.0～330.0 μm × 225.0～250.0 μm，琥珀色至深棕色，很少橙黄色，具小瘤状帽，表面光滑；子囊孢子长柱形，150.0～200.0 μm × 5.0～6.0 μm；次生孢子 4.0～5.0 μm × 1.0 μm。

生　　境：夏秋季单生于林内，寄生于鳞翅目幼虫上。

价　　值：未知。

1.8 蚁窝线虫草
Ophiocordyceps formicarum (Kobayasi) G.H. Sung

形态特征：子座长3～9 cm，直径0.2～0.3 mm，亮黄色或淡黄色；可育头部长3～4.5 mm，直径2.5～3.5 mm，顶生，椭圆形，与不育菌柄分界较明显；不育菌柄长6.5～9.5 cm，直径约1 mm，细柱形至近线形；子囊壳485.0～525.0 μm × 168.0～218.0 μm，倾斜埋生，卵形；子囊圆柱形，基部渐细；子囊帽半球形；子囊孢子线形；分生孢子6.0～9.0 μm × 1.0～2.0 μm，纺锤形至椭圆形。

生　　境：夏秋季单生于林内，寄生于蚂蚁上。

价　　值：未知。

19 垂头虫草
Ophiocordyceps nutans (Pat.) G.H. Sung, J.M. Sung, Hywel-Jones & Spatafora

形态特征：子座一般单个或 2～3 个从虫体胸侧长出，很少分枝，子座长 5～22 cm；柄部长 4～16 cm，直径 0.5～1 mm，直立或稍弯曲，黑色似铁丝，有光泽，硬；可育部纺锤形至圆柱形，初为橙红色，逐渐褪为橙黄色，4.0～12.0 μm×1.5～3.0 μm；子囊壳全部埋生子囊座内，狭卵圆形，700.0～800.0 μm×260.0～300.0 μm；子囊大小 330.0～520.0 μm×6.0～8.0 μm，内含 8 个线形子囊孢子；子囊孢子断裂为次生子囊孢子，5.0～10.0 μm×1.0～1.5 μm。

生　　境：春至秋季生于蝽科的成虫上。

价　　值：可药用。

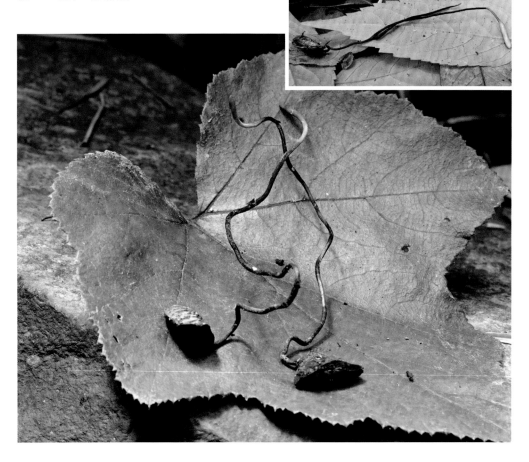

20 炭球菌
Daldinia concentrica (Bolton) Ces. & De Not.

形态特征：子实体近球形、半球形或不规则马铃薯形，直径2～5 cm，多群生，初
　　　　　期褐色或紫褐色，后变褐黑至黑色，内部木炭质，剖面具黑白相间或
　　　　　黑色至紫蓝黑色的同心环纹；子囊壳埋生；子囊150.0～200.0 μm ×
　　　　　10.0～15.0.0 μm，圆柱形，具8个子囊孢子；子囊孢子近椭圆形或近肾
　　　　　形，光滑，暗褐色，12.0～20.0 μm × 6.0～9.0 μm。

生　　境：生于多种阔叶树枯立木或倒木上。

价　　值：可药用。

21 山地炭团菌
Hypoxylon monticulosum Mont.

形态特征：子座0.5～2 cm×0.5～1.5 cm，厚1.5～2.5 mm，通常呈垫状；黑色带锈
　　　　　褐色，常有光泽；成熟时子囊壳外表形成小瘤状凸起，多个相连；子座
　　　　　表层下及子囊壳间组织近木质至炭质，黑色；子囊孢子长椭圆形至长肾
　　　　　形，不等边，光滑，暗褐色，7.0～11.0 μm×3.5～4.0 μm。

生　　境：群生于阔叶树腐木树皮上。

价　　值：未知。

22 果生炭角菌

Xylaria carpophila (Pers.) Fr.

形态特征：子座分无性和有性两种，无性子座细长不分枝，高 3～5 cm，直径 1.5～2.5 mm，下部灰黑色，有绒毛，上部产生灰白色无性孢子，有性子座稍粗，一至数个从一个落果上长出，不分枝，内部白色，头部近圆柱形，顶端有不育小尖，长 1～2 cm，直径 2～4 mm，有纵向皱纹；柄长短不一，极细，基部有绒毛；子囊壳球形，宽约 400 μm，埋生；子囊圆筒形，有孢子部分 100.0～120.0 μm × 5.0～6.0 μm，柄长约 50 μm，孢子单行排列；子囊孢子不等边椭圆形或肾形，褐色，12.0～16.0 μm × 5.0～6.0 μm。

生　　境：夏秋季生于枫香等植物落果上。

价　　值：未知。

23 炭角菌
Xylaria hypoxylon (L.) Grev.

形态特征：子座高3～8 cm，圆柱形、鹿角形或扁平鹿角形，不分枝到分枝较多，
污白色至乳白色，后期黑色，基部黑色，并有细绒毛，顶部尖或扁平、
鸡冠形；子囊100.0～150.0 μm×6.0～8.0 μm，圆筒形，具8个子囊孢子；
子囊孢子光滑，无隔，11.0～14.0 μm×5.0～6.0 μm。

生　　境：群生于林中腐木或枯枝上。

价　　值：未知。

24 多型炭棒
Xylaria polymorpha (Pers.) Grev.

形态特征：子座一般中等大小，单生或多个基部相连，干时质地较硬；头部呈棒
　　　　　状、圆柱状、椭圆形或扁圆形，高 3～8 cm，直径 0.5～2 cm，内部白色
　　　　　或肉色，表面多皱，黑色；柄部较细，高 0.5～1 cm，黑色；子囊壳埋
　　　　　生，近球形；子囊 150.0～200.0 μm × 8.0～10.0 μm；子囊孢子梭形，呈
　　　　　不等边，褐色至黑褐色，20.0～33.0 μm × 6.0～11.4 μm。

生　　境：生于朽木上。

价　　值：导致木材腐朽。

25 黄地锤菌
Cudonia lutea (Peck) Sacc.

形态特征：子囊果小，半肉质，高6～18 mm，头部扁，半球形或舌状，一侧有条纵沟纹，宽3～8 mm，橙黄色至橙色；柄浅黄色，凹凸不平，圆柱形，长3～13 mm，直径1.5～3 mm；子囊长棒形，110.0～150.0 μm × 10.0～13.0 μm，无色，内含8个孢子，成束排列于子囊顶部；子囊孢子棒形至线形，无隔膜，50.0～80.0 μm × 3.5～5.2 μm。

生　　境：生于混交林地上。

价　　值：未知。

26 波托杯盘菌
Chlorociboria poutoensis P.R. Johnst.

形态特征：子囊盘直径1～3 mm，盘形，表面新鲜时浅蓝绿色，干燥后深蓝绿色，
　　　　　表面光滑；具菌柄，长0.5～1 mm，近中生；子囊80.0～120.0 μm×
　　　　　6.0～9.0 μm，具8个子囊孢子；子囊孢子1.0～18.0 μm×3.0～5.0 μm，纺
　　　　　锤形至椭圆形，光滑。

生　　境：夏秋季生于腐木上。

价　　值：未知。

2.7 叶状耳盘菌
Cordierites frondosus (Kobayasi) Korf

形态特征：子囊盘小，直径2～3.5 cm，黑色，呈浅盘状或浅杯状，由数枚或很多枚集聚在一起，具短柄或几乎无柄，个体大者盖边缘呈波状，上表面光滑，下表面粗糙和有棱纹，湿润时有弹性，呈木耳状或叶状，干燥后质硬，味略苦涩；子囊细长，呈棒状，42.0～45.0 μm×3.0～5.0 μm；子囊孢子近短柱状，平滑，稍弯曲，无色，5.0～7.0 μm×1.0～1.3 μm。

生　　境：夏秋季成丛或成簇生长在阔叶树腐木上。

价　　值：有毒。

28 橘色小双孢盘菌
Calycina citrina (Hedw.) Gray

形态特征：子囊盘小，直径2～5 mm，杯形至盘形，伸展时近平坦，上、下表面均光滑，柠檬黄色至橘黄色，干时颜色变深并边缘翘起；菌柄短小且下端渐细或不具柄；子囊130.0～160.0 μm×7.0～9.0 μm，圆柱形，内生孢子8枚；子囊孢子椭圆形，表面光滑，无色，具油滴，10.0～12.0 μm×5.0～6.0 μm。

生　　境：夏秋季群生于阔叶树枯枝上。

价　　值：未知。

29 润滑锤舌菌
Leotia lubrica (Scop.) Pers.

形态特征：子囊盘直径 0.5～2 cm，类球形或馒头形，不规则卷皱，子实层表面蜜黄色；菌柄长 3～5 cm，直径 0.2～1 cm，圆柱形，蜜黄色至橙黄色；子囊 130.0～180.0 μm×8.0～10.0 μm，细长，棒状，具8个子囊孢子；子囊孢子不对称梭形，无色，光滑，16.0～25.0 μm×6.0～8.0 μm。

生　　境：夏秋季生于林中地上。

价　　值：未知。

30 木生地星
Geastrum mirabile Mont.

形态特征：外包被基部袋形，上部开裂成5瓣，外侧乳白色至米黄色，内侧灰褐色；内包被无柄，薄，膜质，灰褐色。咀部平滑，具光泽，圆锥形，有明显环带；担孢子球形，具微细小疣，褐色，3.0～4.0 μm。

生　　境：夏季生于倒木或树桩上。

价　　值：可药用。

3.1 袋形地星
Geastrum saccatum Fr.

形态特征：子实体一般较小，外包被基部深呈袋形，上半部裂为5～8片尖瓣，张开时直径可达5～7 cm，初期埋土中或半埋生；外包被外表面光滑，蛋壳色，内侧肉质，干后变薄，浅肉桂灰色；内包被无柄，近球形，浅棕灰色，直径1～2 cm，顶部咀明显，色浅，圆锥形，周围凹陷，有光泽；担孢子球形至近球形，褐色，具小疣，直径3.0～4.0 μm。

生　　境：秋季单生或群生于林中地上。

价　　值：可药用。

32 黑毛小塔氏菌
Tapinella atrotomentosa (Batsch) Šutara

形态特征：菌盖直径5～9 cm，不黏或潮湿时微黏，污褐色、锈褐色至烟褐色，边缘黄褐色，密生细绒毛，边缘稍内卷；菌肉白色至淡黄白色；菌褶浅黄白色至淡黄褐色，干后变黑褐色，稀疏，不等长，延生，有横脉，基部分叉；菌柄圆柱形，偏生，长3～6 cm，直径1～2.5 cm，基部等大或略膨大，密生栗褐色至暗红褐色绒毛；孢子卵圆形至宽椭圆形，光滑，浅黄色，4.5～6.5 μm × 3.0～4.5 μm。

生　　境：生于林地上。

价　　值：有毒。

33 小塔氏菌
Tapinella panuoides (Fr.) E.-J. Gilbert

形态特征：菌盖直径2.0～6.5 cm，花瓣状至扇形，棕褐色至黄褐色，基部具粗毛状物，其余部分具绒毛，边缘常浅裂或波状；菌肉灰白色，初期韧，后期松软；菌褶延生，密，窄，辐射状生长，弯曲，具横脉，在基部形成网状，乳黄色，后渐变为杏黄色至棕褐色，边缘平滑；无菌柄；担孢子宽椭圆形，光滑，浅褐色或浅黄色，4.0～5.5 μm×3.0～3.5 μm。

生　　境：夏秋季群生于针叶林腐木上。

价　　值：有毒。

34 桃红胶鸡油菌
Gloeocantharellus persicinus T.H. Li, Chun Y. Deng & L.M. Wu

形态特征：菌盖略不等边，长 3.8～7 cm，宽 3.5～6 cm，凸镜形至扁平或呈浅漏斗形，桃红色至浅橙红色，边缘波状或瓣裂，初期内卷；菌肉白色，伤不变色，干后变黄褐色；菌褶延生，稍密，白色带黄呈乳黄色，且带微青灰色，干后呈烟灰色或青褐色，不等长，有分叉；菌柄长 4～4.5 cm，直径 0.9～1.1 cm，圆柱形，中生至偏生，淡桃红色至浅黄色带粉红色，红色部分与菌盖同色或稍浅；担孢子长椭圆形，粗糙，褐色或黄褐色，4.5～5.0 μm×7.0～12.0 μm；子实层中的产油菌丝，5.0～7.0 μm×40.0～50.0 μm，褐色。

生　　境：夏秋季生于林中地上。

价　　值：未知。

35 东方陀螺菌
Gomphus orientalis R.H. Petersen & M. Zang

形态特征：菌盖直径3～10 cm，陀螺状，中央稍下陷。表面淡褐色或淡紫色，被小鳞片；菌肉白色或米色；子实层体皱褶状，淡褐色或淡紫色；菌柄长1～3 cm，直径1～2 cm，短粗，灰褐色或紫褐色；担孢子10.0～16.0 μm×4.5～7.5 μm，椭圆形至长椭圆形，表面有疣凸。

生　　境：生于亚高山针叶林地上。

价　　值：可食用。

36 柯奇式枝瑚菌
Ramaria cokeri R.H. Petersen

形态特征：子实体一般中等大小，高8～13 cm，宽5～10 cm，分枝多次，主枝污黄
　　　　　褐色，上部小枝褐色至粉色，顶端钝或尖，受伤后变为暗红色；菌肉污
　　　　　白色，气味不明显；菌丝具锁状联合；担孢子泪滴形，表面密布尖刺，
　　　　　9.0～11.0 μm × 5.0～6.0 μm。

生　　境：夏秋季生于阔叶林地枯枝落叶层上。

价　　值：未知。

37 竹林木瑚菌
Lentaria bambusina P. Zhang & Zuo H. Chen

形态特征：子实体小型，分枝珊瑚状，高2～6 cm，宽3～5 cm；柄单生或簇生，细弱，0.5～1 cm×0.2～0.3 cm，白色至黄褐色，表面有绒毛，分枝稀疏，幼时白色，成熟后黄褐色带紫褐色调，伤变酒红色，枝顶钝圆或尖，近白色；菌丝具锁状联合；担孢子9.5～13.0 μm×2.5～3.5 μm，长椭圆形，表面光滑。

生　　境：夏季群生于竹林中枯枝落叶层上。

价　　值：未知。

38 环带齿毛菌
Cerrena zonata (Berk.) H.S. Yuan

形态特征：子实体1年生，平伏至具明显菌盖，覆瓦状叠生，新鲜时革质，干后硬革质；菌盖直径3~5 cm，表面新鲜时橘黄色至黄褐色，具同心环带，边缘锐，干后内卷，撕裂状，不育边缘窄；菌管或菌齿单层，黄褐色，干后硬纤维质，长可达4 mm；担孢子4.0~6.0 μm×3.0~4.0 μm，宽椭圆形，无色，薄壁，光滑。

生　　境：春秋季生于阔叶树的活立木、死树和倒木上。

价　　值：可药用。

39 松生拟层孔菌
Fomitopsis pinicola (Sw.) P. Karst.

形态特征：子实体无柄，新鲜时硬木栓质；菌盖半圆形或马蹄形，外伸长可达24 cm，宽可达25 cm，中部厚可达14 cm；表面白色至黑褐色，边缘钝，初期乳白色，后期浅黄色或红褐色；孔口表面乳白色，圆形，每毫米4～6个，边缘厚，全缘；不育边缘明显，宽可达8 mm；菌肉乳白色或浅黄色，上表面具一明显且厚的皮壳，厚可达8 cm；菌管与菌肉同色，木栓质，分层不明显，有时被一层薄菌肉隔离；担孢子5.3～6.5 μm×3.3～4.0 μm，椭圆形，无色，壁略厚，光滑，不含油滴，非淀粉质，不嗜蓝。

生　　境：腐殖于针叶树和硬木的枯木上，有时也寄生在活树上。

价　　值：可药用。

40 梭伦剥管孔菌
Piptoporus soloniensis (Dubois) Pilát

形态特征：子实体1年生，具侧生短柄或无柄，覆瓦状叠生，新鲜时软革质，干后软木栓质；菌盖半圆形或圆形，直径可达28 cm，中部厚可达30 mm，表面新鲜时乳白色，干后赭石色，边缘锐，新鲜时波状，干后内卷；孔口表面新鲜时乳白色，干后赭石色，无折光反应；近圆形，每毫米4～5个，边缘薄或略厚，全缘；菌肉新鲜时奶油色，肉质，干后浅黄色或浅粉黄色，海绵质或软木栓质，厚可达20 mm。菌管与孔口表面同色，长可达10 mm；菌柄新鲜时奶油色，干后浅赭石色，被细绒毛或光滑，长可达2 cm，直径可达20 mm；担孢子4.8～6.0 μm×2.8～3.8 μm，椭圆形，无色，薄壁，光滑，非淀粉质，不嗜蓝。

生　　境：夏季生于阔叶树上。

价　　值：可药用；可致木材褐色腐朽。

41 树舌灵芝
Ganoderma applanatum (Pers.) Pat

形态特征：子实体多年生，大型，无柄或近无柄；菌盖半圆形、扁半球形或扁平，基部常下延，表面灰色，渐变褐色，有同心环纹棱，时有瘤，皮壳胶角质，边缘较薄；菌肉浅栗色，厚可达 3 cm，菌管褐色，有时具白色菌丝束；担孢子宽卵圆形，顶端平截，浅褐色至褐色，双层壁，外壁无色，光滑，内壁具小刺，非淀粉质，嗜蓝，$6.0 \sim 8.5 \, \mu m \times 4.5 \sim 6.0 \, \mu m$。

生　　境：生于阔叶树倒木朽木上。

价　　值：可药用，具止痛、清热、化积、化痰的功效。

42 灵芝
Ganoderma lingzhi Sheng H. Wu, Y. Cao & Y.C. Dai

形态特征：菌盖肾形、半圆形或近圆形，直径10～18 cm，厚1～2 cm；皮壳坚硬，黄褐色至红褐色，有光泽，具环状棱纹和辐射状皱纹，边缘薄而平截，常稍内卷；菌肉白色至淡棕色；孢子细小，黄褐色；菌柄圆柱形，侧生，少偏生，长7～15 cm，直径1～3.5 cm，红褐色至紫褐色，光亮；气味微香，味苦涩；担孢子椭圆形，顶端平截，浅褐色，双层壁，内壁具小刺，非淀粉质，嗜蓝，9.0～10.7 μm×5.8～7.0 μm。

生　　境：夏秋季生于阔叶树的垂死木、倒木和腐木上。

价　　值：可食、药用，具健脾胃、助消化、降血压、降胆固醇、增强免疫力等功效。

43 紫芝
Ganoderma sinense J.D. Zhao, L.W. Hsu & X.Q. Zhang

形态特征：子实体木栓质，多呈半圆形至肾形，少数近圆形，大型个体长宽可达
20 cm，表面黑色，具漆样光泽，有环形同心棱纹及辐射状棱纹，干后紫
褐色、紫黑色至近黑色；菌肉褐色至深褐色，中间具一黑色壳质层，厚
可达8 mm；菌管褐色至深褐色，长可达1.3 cm，孔口表面干后污白色、
淡褐色至深褐色，略圆形，每毫米5～6个；菌柄侧生，长可达15 cm，
直径约2 cm，黑色，有光泽；担孢子椭圆形，双层壁，外壁无色，光
滑，内壁淡褐色至褐色，具小脊，11.2～12.5 μm × 7.0～8.0 μm。

生　　境：夏秋季生于多种阔叶树倒木和腐木上。

价　　值：可食、药用。

44 灰树花
Grifola frondosa (Dicks.) Gray

形态特征：子实体肉质或半肉质，菌盖直径2.5～8.0 cm，灰色至褐色，表面有纤毛或绒毛，有时边缘具有不明显环纹或不明显辐射状条纹；菌肉近白色，新鲜时近肉质，干后变硬，孔面奶油色至淡灰色，孔口多角形；有菌柄，由菌柄多次分枝分化出数个扇形或匙形菌盖，重叠成丛，直径可达45 cm；担孢子近卵形至椭圆形，5.0～6.0 μm×3.5～5.0 μm。

生　　境：生于栎树等阔叶树基部。

价　　值：可食、药用。

45 硫色炮孔菌
Laetiporus sulphureus (Bull.) Murrill

形态特征： 菌盖扇形至半圆形，新鲜时表面浅黄色、明黄色或橙红色，光滑无毛，有平展的或辐射状沟纹，无环纹或者有明显环纹，边缘圆钝或锋锐；菌孔表面新鲜时白色至亮黄色，菌孔不规则，全缘或撕裂，孔壁薄；菌肉新鲜时白色至略带浅黄色，肉质；菌管颜色和孔面颜色相同；二系菌丝系统，生殖菌丝简单分隔，菌丝较粗，分枝多，树杈状；担子棍棒状，薄壁；担孢子梨形、卵球或椭球形，无色，薄壁，平滑，4.5～7.0 μm × 4.0～5.0 μm。

生　　境： 通常生长在落叶植物或常绿树木的活树、树桩或腐朽倒木上。

价　　值： 可食、药用。

46 变孢焖孔菌
Laetiporus versisporus (Lloyd) Imazeki

形态特征：子实体无柄，肉质至木栓质；菌盖球形、近球形或不规则形，外伸可达
　　　　　5 cm，宽可达6 cm，基部厚可达4 cm，表面新鲜时浅黄色至黄褐色，干
　　　　　后污黄褐色至深污褐色，边缘钝；孔口表面新鲜时奶油色至浅黄色，干
　　　　　后硫黄色至黄褐色，无折光反应，形状不规则，每毫米2～3个，边缘
　　　　　薄，全缘或略呈撕裂状；菌肉奶油色至污黄褐色，厚可达3.6 cm；菌管
　　　　　与孔口表面同色，长可达4 mm；担孢子椭圆形，无色，薄壁，光滑，非
　　　　　淀粉质，不嗜蓝，4.7～6.0 μm×3.9～5.0 μm。

生　　境：秋季单生或叠生于阔叶树上。

价　　值：可致木材褐色腐朽。

47 柔韧小薄孔菌
Trullella duracina (Pat.) Zmitr.

形态特征：子实体具侧生柄，新鲜时革质，干后木栓质；菌盖匙形至半圆形，直径达4 cm，表面中部呈稻草色，具明显或不明显的同心环纹，光滑，边缘锐，淡黄色至黄褐色；孔口表面新鲜时奶油色，干后稻草色至淡黄灰色，具折光反应，多角形，每毫米7～8个，边缘薄，全缘；不育边缘明显；菌肉奶油色，厚可达1 mm；菌管淡黄色，长可达1 mm；菌柄圆柱形或稍扁平，长可达1 cm，直径可达3 mm；担孢子圆柱形至腊肠形，无色，薄壁，光滑，非淀粉质，不嗜蓝，4.1～5.2 μm×1.7～2.0 μm。

生　　境：春季至秋季生长于阔叶树腐木上。

价　　值：可食用；可致木材白色腐朽。

48 新粗毛革耳
Panus neostrigosus Drechsler-Santos & Wartchow

形态特征：菌盖直径3～8 cm，漏斗状，淡棕褐色至紫褐色，被密绒毛，边缘内卷；菌褶延生，黄白色至浅黄褐色，不等长，褶缘常带紫色；菌柄圆柱形，长1～2 cm，直径3～10 mm，偏生至侧生，纤维质，实心，与盖同色，被绒毛；担孢子卵形至椭圆形，无色，光滑，3.5～6.0 μm×2.0～3.0 μm。

生　　境：群生于针阔混交林中腐木上。

价　　值：可药用。

49 蓝伏革菌
Terana coerulea (Lam.) Kuntze

形态特征: 子实体薄,呈膜质,平伏在树枝上或树干上,湿润时可剥落,深景泰蓝色;边缘很薄,色浅,呈白色;担孢子椭圆形,无色,薄壁,光滑,非淀粉质,嗜蓝,7.0～9.0 μm×4.0～6.0 μm。

生　　境: 生于阔叶树枯枝上。

价　　值: 可致木材腐朽。

50 宽鳞多孔菌
Cerioporus squamosus (Fr.) Quél.

形态特征：子实体具侧生短柄或近无柄，覆瓦状叠生，鲜时肉质，后期软革质，干后木栓质；菌盖圆形或扇形，直径可达40 cm，厚可达4 cm，表面鲜时近白色、乳黄色，干后浅黄褐色，被暗褐色或红褐色鳞片，边缘锐，新鲜时波伏，干后略内卷；孔口表面白色至黄褐色，多角形，每毫米0.5～1.5个；菌肉鲜时白色，干后奶黄色，厚可达30 mm；菌管与孔口表面同色，长可达10 mm；菌柄基部黑色，被绒毛，通常被下延的菌管覆盖，长可达5 cm，直径可达20 mm；担孢子广圆柱形或略纺锤形，顶部渐窄，薄壁，光滑，非淀粉质，无色，13～16 μm×4.5～5.6 μm。

生　　境：生于阔叶树腐木上。

价　　值：可食用。

51 中国隐孔菌
Cryptoporus sinensis Sheng H. Wu & M. Zang

形态特征: 子实体具柄或近无柄, 常单生, 鲜时无特殊气味, 软木栓质, 干后木栓质; 菌盖扁球形, 外伸长可达2 cm, 宽可达3 cm, 基部厚可达1 cm, 菌盖鲜时表面乳白色至蛋壳色, 干后黄褐色至红褐色, 光滑, 边缘颜色较浅, 钝, 延伸至孔面形成覆盖整个子实层的菌幕, 仅在基部具一小孔; 孔口表面干后灰褐色, 无折光反应, 圆形或近圆形, 每毫米3～5个, 边缘厚; 菌肉奶油色, 干后木栓质, 厚可达7 mm; 菌管奶油色, 硬木栓质, 长可达3 mm; 担孢子圆柱形, 厚壁, 光滑, 着生端变窄, 非淀粉质, 无色, 8.3～9.5 μm×3.8～4.2 μm。

生　　境: 生于针叶林枯木、腐木上。

价　　值: 可药用。

52 裂拟迷孔菌
Daedaleopsis confragosa (Bolton) J. Schrot.

形态特征：子实体1年生，覆瓦状叠生，木栓质；菌盖半圆形至贝壳形，外伸可达
7 cm，宽可达16 cm，中部厚可达2.5 cm，表面浅黄色至褐色，初期被
细绒毛，后期光滑，具同心环带和放射状纵条纹，有时具疣突，边缘
锐；孔口表面奶油色至浅黄褐色，近圆形、长方形、迷宫状或齿裂状，
有时褶状，每毫米1个，边缘薄，糜齿状；不育边缘窄，奶油色，宽可
达0.5 mm；菌肉浅黄褐色，厚可达15 mm；菌管与菌肉同色，长可达
10 mm；担孢子圆柱形，略弯曲，无色，薄壁，光滑，非淀粉质，不嗜
蓝，6.1～7.8 μm×1.2～1.9 μm。

生　　境：夏秋季生于柳树的活立木和倒木上。

价　　值：可致木材白色腐朽。

53 三色拟迷孔菌
Daedaleopsis tricolor (Bull.) Bondartsev & Singer

形态特征：子实体盖形，无柄，木栓质；菌盖半圆形，外伸可达 5 cm，宽可达
　　　　　10 cm，基部厚可达 1 cm，表面灰褐色至红褐色，光滑；具同心环带，边
　　　　　缘锐，与菌盖表面同色；子实层体灰褐色至栗褐色，初期呈不规则孔
　　　　　状，每毫米 1～2 个，成熟后呈褶状，有时二叉分枝，每毫米 1～2 个；菌
　　　　　肉浅褐色，木栓质，厚可达 1 mm；菌褶颜色比子实层体稍浅，木栓质，
　　　　　厚可达 9 mm；担孢子 6.9～9.1 μm × 2.1～2.5 μm，圆柱形，无色，薄壁，
　　　　　光滑，非淀粉质，不嗜蓝。

生　　境：春季至秋季覆瓦状叠生于多种阔叶树的死树、倒木、树桩和落枝上。

价　　值：可药用；可致木材白色腐朽。

54 翘鳞香菇
Lentinus squarrosulus Mont.

形态特征：菌盖直径4～13 cm，薄且柔韧，凸镜形中凹至深漏斗形，灰白色、淡黄色或浅褐色，表面被同心环状排列的上翘至平伏的灰色至褐色丛毛状小鳞片，后期鳞片脱落，边缘初内卷，后浅裂或撕裂状，薄；菌肉厚，革质，白色；菌褶延生，分叉，有时近柄处稍交织，白色至淡黄色，密，薄；菌柄长1.0～3.5 cm，直径0.4～1.0 cm，圆柱形，近中生至偏生或近侧生，常向下变细，实心，与菌盖同色，常基部稍暗，被丛毛状小鳞片；担孢子长椭圆形至近长方形，光滑，无色，非淀粉质，5.5～8.0 μm × 1.7～2.5 μm。

生　　境：群生、丛生于针阔混交林或阔叶林腐木上。

价　　值：幼时可食。

55 黄褐小孔菌
Microporus xanthopus (Fr.) Kuntze

形态特征：子实体具中生柄，韧革质；菌盖圆形至漏斗形，直径可达8 cm，中部厚
可达5 mm，表面新鲜时浅黄褐色至黄褐色，具同心环纹，边缘锐，浅
棕黄色，波状，有时撕裂；孔口表面新鲜时白色至奶油色，干后淡赭石
色，多角形，每毫米8～10个，边缘薄，全缘；不育边缘明显，宽可达
1 mm；菌肉干后淡棕黄色，厚可达3 mm；菌管与孔口表面同色，长可
达2 mm；菌柄具浅黄褐色表皮，光滑，长可达2 cm，直径可达2.5 mm；
担孢子6.0～7.5 μm×2.0～2.5 μm，短圆柱形，略弯曲，无色，薄壁，光
滑，非淀粉质，不嗜蓝。

生　　境：春季至秋季单生或群生于阔叶树倒木上。

价　　值：可致木材白色腐朽。

56 漏斗多孔菌
Polyporus arcularius (Batsch) Fr.

形态特征：子实体一般较小，肉质至革质；菌盖圆形，直径可达2 cm，扁平中部脐状，后期边缘平展或翘起，似漏斗状，薄，褐色、黄褐色至深褐色，有深色鳞片，无环带，边缘有长毛，新鲜时韧肉质，柔软，干后变硬且边缘内卷；孔口表面干后浅黄色或橘黄色，多角形，每毫米1～4个，边缘薄，撕裂状；菌肉薄，厚不及1 mm，淡黄色至黄褐色；菌管与孔口表面同色，延生，长可达2 mm；菌柄中生，同盖色，干后皱缩，往往有深色鳞片，长可达3 cm，直径可达2 mm；担孢子圆柱形，略弯曲，薄壁，非淀粉质，无色，8.2～9.8 μm × 2.8～3.2 μm。

生　　境：夏秋季生多种倒木及枯木上。

价　　值：可药用。

57 桑多孔菌
Polyporus mori (Pollini) Fr.

形态特征：子实体具侧生柄，单生或群生，鲜时肉质至软革质，无嗅无味；菌盖半圆形至圆形，直径可达5 cm，中部厚可达5 mm，表面鲜时白色、奶油色、橘黄色，后变为黄褐色，无同心环纹，具放射状纹，幼时有绒毛，老后光滑，边缘锐；孔口表面，初期乳白色至奶油色，后期浅黄色，干后浅黄褐色，初期为多角形，放射状排列，后拉长；菌肉奶油色，长可达4 mm；菌柄浅黄色至褐色，光滑，长可达1 cm，直径可达4 mm；担孢子圆柱形，薄壁，光滑，非淀粉质，无色，9.0～10.5 μm×3.2～4.0 μm。

生　　境：生于阔叶树的枯枝上。

价　　值：可食、药用。

58 帽形假棱孔菌
Pseudofavolus cucullatus (Mont.) Pat.

形态特征：子实体1年生，无柄或具侧生短柄，革质；菌盖半圆形，外伸可达3 cm，基部厚可达1.5 mm，表面新鲜时奶油色，具明显的辐射状条纹，干后浅黄褐色，光滑，边缘锐，波状，干后内卷；孔口表面新鲜时奶油色，干燥后淡黄褐色，六角形，每毫米2～3个，边缘薄，全缘或略呈撕裂状；菌肉干后浅黄褐色，厚可达0.5 cm；担孢子圆柱形，无色，薄壁，光滑，非淀粉质，不嗜蓝，14.0～16.0 μm×6.0～6.5 μm。

生　　境：夏秋季数个聚生于阔叶树死树上。

价　　值：可致木材白色腐朽。

59 朱红密孔菌
Pycnoporus cinnabarinus (Jacq.) P. Karst.

形态特征：子实体侧生，半圆形、扇形，基部略隆起；菌盖正面朱红色，初期较粗
　　　　　糙或散生绒毛，后期平滑，常褪色为浅肉红色，无同心环纹；菌肉浅朱
　　　　　红色；菌管与菌肉同色；菌孔圆形或多角形；担孢子椭圆形或圆柱形，
　　　　　稍弯曲，无色，光滑，4.5～6.5 μm×2.5～3.0 μm。

生　　境：于阔叶腐木上呈覆瓦状叠生或群生。

价　　值：可药用。

60 云芝栓孔菌
Trametes versicolor (L.) Lloyd

形态特征：子实体革质，侧生无柄，常覆瓦状叠生，往往左右相连，子实体常围成莲座状；菌盖半圆形至贝壳形，外伸可达8 cm，宽可达10 cm，中部厚可达0.5 cm，表面颜色变化多样，淡蓝色至蓝灰色，有密生的细绒毛，具同心环纹；盖缘薄而锐，波状，完整，色淡；菌肉白色，纤维质，干后纤维质至近革质；菌管烟灰色至灰褐色，长可达3 mm；担孢子圆柱形，薄壁，光滑，非淀粉质，4.1～5.3 μm×1.8～2.2 μm。

生　　境：生于阔叶树木桩、倒木和枯枝上。

价　　值：可药用。

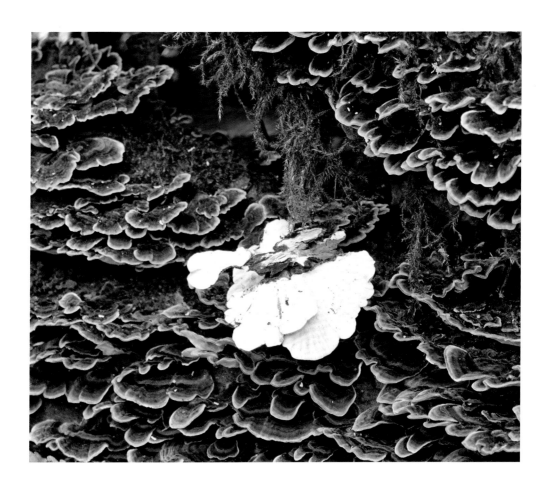

61. 新肉齿菌一种
Neosardocon sp.

形态特征：子实体小，菌盖直径0.4～1.7 cm，呈圆盘状，初期扁平，中间有轻微隆起，成熟后隆起消失，菌盖表面绒状至毛毡状，中部呈深蓝色，边缘颜色略浅，初期边缘向内侧弯生，后期上翘或开裂；菌肉白色，肉质，近柄处厚1～4 mm；子实层齿状，长1～3 mm，白色，老后浅红褐色，近锥形，尖端褐色；菌柄长1.0～2.5 cm，圆柱形至略棍棒状，中空，与菌盖同色，基部有蓝白色菌丝；担子果干燥后呈橄榄绿色；担孢子宽椭球形，有短圆柱状突起不规则纹饰，7.5～9.0（10.0）μm×5.5～8.0（8.5）μm。

生　　境：林中地上。

价　　值：未知。

62 橙黄糙孢革菌
Thelephora aurantiontincta Corner

形态特征：担子果高3～8 cm，直径5～9 cm，具分枝，干，革质，从基部分枝；分枝扁平，花瓣状至扇状，边缘波状；上表面（远子实层表面）橙黄色或橙褐色，粗糙，具不规则棱纹，上部边缘浅黄色至白色；下表面（子实层表面）为瘤状凸起，黄褐色至褐色，边缘颜色更淡；菌肉淡黄色，受伤后不变色；担孢子5.5～8.0 μm×5.0～7.0 μm，近椭圆形，表面具刺状纹饰。

生　　境：生于亚热带阔叶林或针阔混交林中地上。

价　　值：可食用。

63 尖枝革菌
Thelephora multipartita Schwein.

形态特征：子实体小，高 1.5～2 cm，革质；菌盖漏斗形，灰色，盖缘扩展并成为裂片，裂片边缘尖锐或呈鸡冠状；菌肉味略苦；子实层面紫红色，光滑；菌柄长 0.5～1 cm，被白色绒毛；担孢子近球形，有小瘤，浅黄色至黄褐色，5.0～7.0 μm×5.0～6.0 μm。

生　　境：群生于阔叶林地上。

价　　值：未知。

64 阿切氏笼头菌
Clathrus archeri (Berk.) Dring

形态特征：菌蕾初期白色球状或卵形，有糠麸状附属物，直径 1.5～3 cm；成熟后菌柄和托臂伸出孢托；菌柄短，托臂长 3～8 cm，近柱形，末端渐尖，2～5根，红色至橘红色；孢体生于托臂的内侧表面，灰黑色，黏，有臭味；担孢子 5.0～6.0 μm×2.0～2.5 μm，长椭圆形，光滑，无色。

生　　境：见于森林大量腐殖质环境中。

价　　值：未知。

65 朱红星头鬼笔（新拟）
Aseroë coccinea Imazeki & Yoshimi ex Kasuya

形态特征：子实体中等大小，菌蕾近球形，直径1～2 cm，表面白色；基部有带状
　　　　菌丝束，开裂后伸长，高3～4 cm，直径1 cm，柄近圆柱形，海绵质，
　　　　淡红色，中空；托臂基部分离较深，7～9条，不分叉，红色，辐射状伸
　　　　展；造孢组织黏液状，黑色；菌托苞状，表面白色；担孢子椭圆形至圆
　　　　形，壁厚，透明至半透明，表面光滑，4.0～5.0 μm×2.0～2.5 μm。

生　　境：夏秋季生于牛粪便等物上。

价　　值：未知。

66 红星头菌
Aseroë rubra Fr.

形态特征：幼小时菌蕾直径2～3 cm，卵形，污白色至浅紫色，成熟后菌柄和托臂
　　　　　伸出孢托；菌柄长4～6 cm，圆柱形，中空，粉红色至红色；柄的顶端
　　　　　与托相连接部分呈红色大盘状，盘的外侧有16～20个托臂，托臂不分
　　　　　叉，粉红色至红色，扁平，内部有5～8个细长的小腔；托臂顶端渐变尖
　　　　　细，托臂长5～8 cm；孢体着生于柄顶的盘状部位，黑褐色，黏，有恶
　　　　　臭味；担孢子4.5～6.0 μm×1.0～1.5 μm，长椭圆形，光滑，无色。

生　　境：夏秋季散生于阔叶林地上。

价　　值：未知。

67 白网球菌
Ileodictyon gracile Berk.

形态特征：菌蕾直径2～3 cm，初期卵形，白色，光滑，成熟后外包被开裂长出孢
托；孢托直径4～18 cm，圆形笼状，由10～28个多边形网格（托臂）构
成；托臂光滑，在交接处膨大，白色，内表面附着黏、橄榄褐色孢体；
担孢子椭圆形至卵形，光滑，无色至青黄色，4.0～5.0 μm×2.0～2.5 μm。

生　　境：夏秋季单生或群生于阔叶
树下地上。

价　　值：未知。

68 五棱散尾鬼笔

Lysurus mokusin (L. f.) Fr.

形态特征：子实体一般较小，细长，呈棱柱形，一般4～5棱，高5～12 cm，中空；顶部高1.5～3 cm，具4～5个爪状裂片，红色，初期裂片相互连接一起，后期从顶部彼此分离，靠内侧面产生暗褐色孢体黏液，具臭气味；菌柄浅粉至浅肉色，长7～10 cm，直径1～2 cm，具4～7条纵行凹槽，松软呈海绵状；菌托白色，苞状，初期卵球形，高2～4 cm，基部往往有白色根状菌索；担孢子长椭圆形至杆形，4.0～4.5 μm×1.0～2.0 μm。

生　　境：夏至秋季常常成群生成一堆。

价　　值：有毒，晒干炮制后可药用，具有散毒、消肿、生肌等功效。

69 白赭竹荪
Phallus cremeo-ochraceus T. Li, T.H. Li & W.Q. Deng

形态特征：子实体中等至较大，高 12～20 cm，幼时卵球形，后伸长；菌蕾高
　　　　　7～11 cm，直径 5～7.5 cm，卵形至近球形，土灰色至灰褐色，具不规则
　　　　　裂纹，无嗅无味；菌盖钟形，高、宽各 3～5 cm，有显著网格，具微臭
　　　　　而暗绿色的孢子液，顶端平，有穿孔；菌幕白色，从菌盖下垂达 10 cm
　　　　　以上，网眼多角形，宽 5～10 mm；菌柄白色，长 8～18 cm，中空，壁海
　　　　　绵状，基部粗 2～3 cm，向上渐细；菌托白色或淡紫色，直径 3～5.5 cm；
　　　　　担孢子长椭圆形至短圆柱形至近椭圆形，光滑，薄壁，非淀粉质，无
　　　　　色，3.0～4.0 μm × 1.5～2.0 μm。

生　　境：生于竹林或阔叶林地上。

价　　值：可食用。

70 冬荪

Phallus dongsun T.H. Li, T. Li, Chun Y. Deng, W.Q. Deng & Zhu L. Yang

形态特征：菌蕾卵形，直径 2.5～4 cm，表面污白色，基部有根状菌索，成熟后菌盖和菌柄伸出外包被，高 10～20 cm；菌盖钟形或圆锥形，高 3～4 cm，顶端具小孔，表面有深网格，污白色，其上覆盖橄榄色黏稠孢子液；菌柄近圆柱形，粗壮，长 8～12 cm，直径 1.5～2.5 cm，海绵状，白色；菌托苞状，厚，表面污白色；担孢子椭圆形，透明，光滑，3.0～5.0 μm × 2.0～3.0 μm。

生　　境：夏季散生于竹林、阔叶林或针阔混交林地上。

价　　值：可药、食用。

71 纯黄竹荪
Phallus luteus (Liou & L. Hwang) T. Kasuya

形态特征: 子实体中等至较大，高8～18 cm；菌蕾高4～5 cm，直径3～4 cm，卵形至近球形，奶油色至污白色，无嗅无味；菌盖钟形，高可达4 cm，顶部圆盘形，具网格，其上有暗青褐色或青褐色黏性孢体，菌盖有一孔口；菌幕柠檬黄色至橘黄色，似裙子，从菌盖边沿垂下，长6.5～11 cm，下缘直径8～13 cm，网眼多角形；具菌托，苞状；菌柄白色或浅黄色，海绵状，中空，长7～15 cm，直径1～2 cm；担孢子长椭圆形至短圆柱形，壁稍厚，光滑，非淀粉质，无色，3.0～3.9 μm×1.4～1.9 μm。

生　　境: 夏季散生于竹林、阔叶林地上。

价　　值: 可食用。

72 细皱鬼笔
Phallus rubicundus (Bosc) Fr.

形态特征： 子实体中等或较大，高 10～20 cm；菌蕾幼时椭圆形或蛋形，外包被白色至灰白色，成熟后菌盖和菌柄逐渐伸出外包被；菌盖近钟形，具网纹格，上面有灰黑色恶臭的黏液，浅红至橘红色，顶端平，红色且有孔口；菌柄长 9～19 cm，直径 1～1.5 cm，海绵状，红色，圆柱形，中空，下部渐粗，色淡至白色，而上部色深，橘红色至深红色；菌托长 2.5～3 cm，直径 1～2.5 cm，有弹性，白色；担孢子椭圆形，近无色，3.5～4.5 μm × 1.5～2.0 μm。

生　　境： 夏秋季群生于菜园、屋旁、路边、竹林等地。

价　　值： 可药用，有毒。

7.3 杯冠瑚菌
Artomyces pyxidatus (Pers.) Jülich

形态特征：子实体中等至较大，高3～13 cm，初期乳白色，渐变为黄色、米色至淡褐色，后期褐色，表面光滑；主枝3～5条，肉质，分枝三至五回，每一分枝处的所有轮状分枝构成一环状结构，分枝顶端凹陷具3～6个突起；柄状基部长1～3 cm；菌肉污白色；担孢子椭圆形，无色，淀粉质，表面具微小的凹痕，4.0～5.0 μm×2.0～3.0 μm。

生　　境：群生或丛生于林中腐木上。

价　　值：可食、药用。

74 耳匙菌
Auriscalpium vulgare Gray

形态特征：子实体小，菌盖勺形或耳匙状半圆形或肾形至心脏形，直径0.5～3 cm，灰烟褐色，革质，韧，被暗褐色绒毛，老后盖表面绒毛稍脱落；基部膨大，内部实心，表面密集绒毛，同盖色，长3.5～8 cm，直径0.2～0.5 cm；盖菌下刺密集，短而锥形，长1～2 mm，初期黄灰色，后呈浅褐，老后黑褐色，受伤时色变暗带紫色；担孢子宽椭圆形，具小疣突，淀粉质，4.5～5.5 μm×3.5～4.5 μm。

生　　境：生于松树、云杉等落地球果上，偶见生松针层及松枝上。

价　　值：未知。

7.5 无壳异担子菌
Heterobasidion ecrustosum Tokuda, T. Hatt. & Y.C. Dai

形态特征：子实体无柄，覆瓦状叠生，新鲜时革质，干后硬革质或木栓质；菌盖半圆形或扇形，外伸可达 4 cm，宽可达 8 cm，厚可达 1.5 cm，表面新鲜时奶油色至橘红色，干后土黄色至黄褐色，有时靠近基部呈黑褐色，边缘锐，颜色明显浅；孔口表面新鲜时白色至奶油色，干后浅黄褐色，具折光反应，近圆形至不规则形，每毫米 3~5 个，边缘薄，撕裂状；不育边缘明显，奶油色，宽可达 1 mm；菌肉干后浅乳黄色，厚可达 1 cm；菌管与菌肉同色，长可达 5 mm；担孢子近球形，无色，厚壁，表面具细微疣刺，非淀粉质，弱嗜蓝，4.6~6.0 μm×3.5~5.0 μm。

生　　境：夏秋季生于松树的活立木桩及建筑木上。

价　　值：未知。

7.6 红汁乳菇
Lactarius hatsudake Nobuj. Tanaka

形态特征：子实体小至中等，菌盖直径3～10 cm，半球形，中央下凹呈浅漏斗状，浅橙红色，表面有不明显环纹，湿时黏，幼时边缘内卷；菌肉橙红黄色，近菌柄及菌盖表皮处更甚，乳汁橙红色，伤后变青绿色；菌柄长3～5.5 cm，直径1～2 cm，圆柱形，同盖色，近平滑，松软至空心；担孢子椭圆形，有小疣及网纹，无色，7.0～9.0 μm×5.0～7.0 μm。

生　　境：夏秋季散生于马尾松及混交林地上，与马尾松共生。

价　　值：可食用。

77 黑褐乳菇
Lactarius lignyotus Fr.

形态特征：子实体一般较小或中等；菌盖直径4～10 cm，褐色至黑褐色，初期扁
半球形，后渐平展，中部稍下凹，不黏，无环带，初有短绒毛，盖缘内
卷；菌肉白色，较厚，受伤处略变红色，乳汁白色，不变色；菌褶白
色，宽，稀，延生，不等长；菌柄长3～10 cm，直径0.4～1.5 cm，近柱
形，同盖色；顶端菌褶延伸形成黑褐色条纹，基部有时具绒毛，内实；
担孢子近球形，具小疣及网纹，9.0～12.0 μm×8.0～11.0 μm。

生　　境：夏秋季散生于林中地上。

价　　值：未知，慎食。

78 黄美乳菇

Lactarius mirus X.H. Wang,W.Q. Qin, Z.H. Chen, W.Q. Deng & Zhen Wang

形态特征：担子果中等大小，菌盖直径4～8 cm，凸出至平凸出；幼时边缘内卷，成熟时，表面平滑或中心有微弱的皱纹，边缘齿状，灰褐色，有不规则的浅色斑点；菌肉厚2～3 mm，白色，菌肉受伤后，很快被乳汁染成鲜艳的黄色，干燥后变成杏黄色或橙色；菌褶幼时白色，成熟后奶油色，离生，伤后流出白色乳汁，继而乳汁会变成鲜艳的黄色，干燥后保持原状或进一步变成杏黄色至橙棕色；菌柄长2.5～4.5 cm，直径6～10 mm，圆柱形，等粗，表面干燥，中生，与菌盖同色或比菌盖色浅，乳汁丰富，白色，瞬间变成鲜艳的黄色，干燥后保持原状或进一步变成杏黄色至橙棕色；担孢子8.0～10.0 μm×7.0～9.5 μm，亚球形至球形；纹饰2～3 μm高，主脊之间有一些短而不规则的脊、疣和网纹。

生　　境：针阔混交林地上。

价　　值：未知。

79 矮小乳菇
Lactarius nanus J. Favre

形态特征：菌盖直径5～10 cm，初期扁半球形，成熟后平展，中央下凹或脐状，表面光滑，湿时黏，浅灰色至灰褐色，有不显著同心环带；菌盖边缘初期内卷，后平展上翘；菌肉污白色，乳汁白色，不变色；菌褶直生至近延生，稀，不等长，淡灰褐色；菌柄长3～6 cm，直径1～2.5 cm，与菌盖同色，圆柱形，有时有窝斑；担孢子7.0～9.0 μm×6.0～8.0 μm，近球形，浅赭色，有疣和网纹。

生　　境：夏秋季散生于阔叶林地上。

价　　值：味辛辣，不可食用。

80 苍白乳菇
Lactarius pallidus Pers.

形态特征：子实体中等至较大，菌盖直径5～12 cm，初扁半球形，开展后脐状下凹，近漏斗形，湿时黏、水浸状，边缘初期内卷，后平展至上翘，无毛，色浅，浅肉桂色、浅土黄色或略带黄褐色；菌肉白色，厚，致密。菌褶近延生至离生，稠密，窄，薄，幼时白色后变乳黄色；菌柄长5～6.5 cm，直径1.5～3 cm，内实，光滑，等粗；担孢子近球形或近椭圆形，具小疣，7.0～9.0 μm×6.5～7.5 μm。

生　　境：夏秋季生于阔叶林地上。

价　　值：可食用。

81 辣味乳菇
Lactarius piperatus (L.) Pers.

形态特征：子实体单生或群生，中等大小，菌盖直径4～6 cm，浅漏斗状，白色，表面微绒质；菌肉白色。菌褶短而延生，极密而窄，常分叉，白色，伤后呈浅褐色；菌柄长约5 cm，直径0.4～1 cm，中生，向下稍细，白色，表面光滑；乳汁丰富，白色，久置呈淡褐色，极辣；担孢子5.0～7.0 μm，近球形，淀粉质，表面具细密不完整的网状纹饰；担子果各部位皆无锁状联合。

生　　境：生于阔叶林地上。

价　　值：该种经浸泡、煮沸去辣味后可食用；同时具药用价值，其水提物对小鼠肉瘤S180和艾氏腹水癌有明显的抑制作用。

82 近毛脚乳菇
Lactarius subhirtipes X.H. Wang

形态特征：子实体小至中等，菌盖直径2.5～5 cm，扁半球形至平展，红褐色至橙褐色，中央下陷，无环纹；菌肉不辣；菌褶直生至延生，乳汁少，白色，不变色，稍苦涩；菌柄圆柱形或向上渐细，长3～8 cm，直径3～6 mm，与菌盖同色或稍浅，基部具硬毛；担孢子6.5～8.0 μm×6.0～7.5 μm，近球形至宽椭圆形，近无色，有完整至不完整的网纹，淀粉质。

生　　境：林中地上。

价　　值：未知。

83 亚靛蓝乳菇
Lactarius subindigo Verbeken & E. Horak

形态特征：菌盖直径5～10 cm，幼时边缘强烈内卷，成熟后平展中凹至浅漏斗形，
　　　　　表面黏，靛蓝色或灰蓝色，中心常黄褐色，具清晰同心环纹，水浸状；
　　　　　菌肉厚3～5 mm，靛蓝色；菌褶宽3～6 mm，菌褶密集，靛蓝色；菌柄
　　　　　长3～6 cm，直径1～2 cm，靛蓝色，具深色窝斑；乳汁少，靛蓝色；担
　　　　　孢子7.0～8.5 μm×5.5～6.5 μm，由条脊形成近完整网纹或不为网纹，纹
　　　　　饰高0.6～0.8 μm。

生　　境：夏秋季生于亚热带阔叶林地上，外生菌根菌。

价　　值：可食用。

84 香亚环乳菇
Lactarius subzonarius Hongo

形态特征：菌盖直径3～6 cm，初期扁半球形，成熟后平展，中央常下凹，淡肉褐色至棕褐色，具明显同心环纹，表面黏；菌肉淡肉褐色，伤后有白色乳汁；菌褶直生或延生，稍密；菌柄长3～4 cm，直径0.8～1.5 cm，近圆柱形，与菌盖同色；担孢子6.0～8.5 μm×5.5～7.5 μm，近球形至椭圆形，具小刺。

生　　境：夏秋季散生于混交林地上。

价　　值：可食用。

85 鲜艳乳菇
Lactarius vividus X.H. Wang, Nuytinck & Verbeken

形态特征：菌盖直径4～12 cm，初期扁球形，成熟后平展，中央下凹或脐状，表面光滑，稍黏，橙黄色、橙红色、肉红色或土黄色，具同心环带；菌盖边缘初期内卷，后平展上翘，部分具条纹；菌肉肉红色，脆，伤后渐变为蓝绿色；菌褶直生至近延生，稍密，与菌盖同色，伤后变蓝绿色；菌柄长3～6 cm，直径1～2.5 cm，与菌盖同色，圆柱形，松软至中空；担孢子椭圆形，近无色，有疣和网纹，8.0～10.0 μm×6.0～8.0 μm。

生　　境：春秋两季单生、散生或群生于松树林地上。

价　　值：可食用。

86 稀褶茸多汁乳菇
Lactifluus gerardii (Peck) Kuntze

形态特征：菌盖直径2～10 cm，平展，中央常稍凹陷具一小凸起，表面具绒质感，干，灰黄色或黄褐色，具放射状皱纹；菌肉厚2～4 mm，白色，不变色；菌褶宽7～12 mm，延生，厚，极稀，白色、污白色或奶油白色；菌柄长3～8 cm，直径0.5～1.7 cm，与菌盖表面同色；乳汁白色，不变色，味柔和；担孢子8.0～11.5 μm×7.5～10.0 μm，由较为规则的条脊形成完整网纹，纹饰高0.5～0.8 μm。

生　境：夏秋季生于亚热带和热带阔叶林或针阔混交林地上，外生菌根菌。

价　值：可食用。

8.7 辣多汁乳菇
Lactifluus piperatus (L.) Roussel

形态特征：菌盖直径5～13 cm，初期扁半球形，菌盖成熟后平展，中央下凹呈脐状，白色、污白色至淡黄色，边缘初期内卷，后平展，无环纹；菌肉白色，伤后有白色乳汁，有辣味；菌褶近延生，极密，不等长，初期白色，后变浅土黄色；菌柄粗短，长3～5 cm，直径1.5～3.0 cm，近圆柱形，污白色；担孢子近球形或宽椭圆形，有小疣，6.5～8.5 μm×5.5～7.0 μm。

生　　境：夏秋季散生或群生于混交林地上。

价　　值：可食用。

88 假稀褶多汁乳菇
Lactifluus pseudohygrophoroides H. Lee & Y.W. Lim

形态特征：菌盖直径3～10 cm，平展中凹，有时呈浅漏斗形，表面干，具皱纹，具粉绒质感，红褐色至橙褐色，常龟裂；菌肉厚3～5 mm，近白色，味柔和；菌褶宽2～10 mm，稀，奶油黄色至金黄色；菌柄长1～4 cm，直径0.6～1.5 cm，圆柱形或向下渐细，与菌柄同色或稍浅；乳汁丰富，白色，不变色，味柔和；担孢子8.0～9.5 μm × 6.5～7.5 μm，具条脊形成的不完整至完整网纹，纹饰高0.2～0.6 μm。

生　　境：夏秋季生于亚热带针叶林或针阔混交林地上，外生菌根菌。

价　　值：可食用。

89 多汁乳菇
Lactifluus volemus (Fr.) Kuntze

形态特征：菌盖直径4～11 cm，初期扁半球形，后渐平展至中部下凹呈脐状，伸展后似漏斗形，橙红色、红褐色、栗褐色、黄褐色、琥珀褐色、深棠梨色或暗土红色，多覆盖白粉状附属物，不黏，或湿时稍黏，无环带，表面光滑或稍带细绒毛，边缘初期内卷，后伸展；菌肉乳白色，伤后变淡褐色，硬脆，肥厚致密，不辣；菌褶白色或淡黄色，伤后变为黄褐色，稍密，直生至近延生，近柄处分叉，不等长，伤后有大量白色乳汁溢出；乳汁白色，不变色；菌柄长3～10 cm，直径1～2.5 cm，近圆柱形或向下稍变细，与菌盖同色或稍淡，近光滑或有细绒毛；担孢子近球形或球形，表面具网纹和微细疣，无色至淡黄色，淀粉质，8.5～11.0 μm × 8.0～10.0 μm。

生　　境：夏秋季散生、群生至稀单生于松林或针阔混交林地上。

价　　值：可食用，具抗癌功效。

90 假多叉叉褶菇
Multifurca pseudofurcata X.H. Wang

形态特征：菌盖直径4～7 cm，平展中凹，表面光滑，稍黏，亮黄褐色，成熟后变暗黄褐色，边缘色浅，具微弱或清晰同心环纹，有时具水浸状窝斑，边缘幼时强烈内卷，成熟后内卷或稍内卷，瓣裂，波状；菌肉近白色，味苦辣；菌褶1～5 mm，短延生，近密至密，多次分叉，奶油黄色，成熟后较暗；菌柄长1～4 cm，直径1.2～1.5 cm，偏生，初期白色，后期黄色或稍具绿色色调，具窝斑，基部菌丝白色；乳汁白色，受伤后不变色或干后变黄绿色，味苦辣；担孢子4.0～6.0 μm×3.0～5.0 μm，椭圆形，纹饰弱，高仅约0.2 μm，由孤立的疣凸构成，疣间少有连线。

生　　境：夏秋季生于亚热带和热带针阔混交林地上，外生菌根菌。

价　　值：不可食用。

91 冷杉红菇
Russula abietina Peck

形态特征：子实体小，菌盖直径2～4.5 cm，扁半球形或扁平，中部稍凹，浅紫色或灰紫色或带柠檬绿色，色彩多变且中部色深暗，边缘色淡，有沟条棱，表面黏，光滑；菌肉白色，薄，质脆；菌褶白色变浅黄色，近直生或离生，较密；菌柄长2～4 cm，直径0.5～0.7 cm，圆柱形，白色，松软至空心；担孢子近球形，浅黄色，粗糙有疣，7.5～10.5 μm×6.7～9.0 μm。

生　　境：群生或散生于冷杉针阔混交林地上。

价　　值：可食用。

92 铜绿红菇
Russula aeruginea Lindblad ex Fr.

形态特征：菌盖直径4.5～9.2 cm，初期扁半球形，后渐平展，中央凹至浅漏斗形，灰绿色至暗铜绿色，中央颜色较深，至边缘颜色渐浅，湿时黏，中央具放射状网纹，边缘有或无条纹，内卷，表皮易剥离；菌肉白色，中央较厚，边缘薄；菌褶直生至附生，稍密，基本等长，初期白色，后污白色至黄色；菌柄长4～8 cm，直径0.8～1.6 cm，圆柱状，幼时内实，老时中空，白色，向基部颜色渐深呈黄褐色；担孢子7.0～8.0 μm×6.0～7.0 μm，近球形至卵圆形，顶端钝圆，表面具小疣，近无色至淡黄色，淀粉质。

生　　境：夏秋季单生或散生于阔叶林或针阔混交林地上。

价　　值：可食用。

93 黄斑红菇
Russula aurea Pers.

形态特征：菌盖直径4～9 cm，初期扁半球形，后期渐平展至中部稍下陷，湿时稍黏，橙红色或橙黄色，中部往往颜色较深，后期边缘具有条纹或不明显条纹；菌肉白色至淡黄色，肉质，味道温和或微辛辣；菌褶直生或离生，稀疏至稍稀疏，褶幅宽，赭黄色，边缘黄色，等长，有时不等长，褶间具横脉，近菌柄处常具分叉；菌柄长3～8 cm，直径1～2.5 cm，中生，上下等粗，白色或奶油色至金黄色，肉质，幼时内部松软，成熟后变空心；担孢子7.0～9.5 μm×6.0～8.5 μm，卵圆形至近球形，浅黄色，具小疣突或不规则棱脊，相连后呈近网状，淀粉质。

生　　境：夏秋季单生或群生于针阔混交林地上。

价　　值：可食用。

94 赤黄红菇
Russula compacta Frost

形态特征：菌盖直径6～10 cm，幼时近球形，成熟后中部常下凹呈浅漏斗状，污土黄色，表面有微细绒毛，湿时黏，边缘无棱纹；菌肉白色，伤处稍变红褐色，厚而硬，气味不宜人；菌褶污白色，伤处变肉色，直生，致密；菌柄长3～6 cm，直径1～2 cm，圆柱形，内部松软至变空心；担孢子近球形，有细网纹，7.0～9.0 μm×6.0～8.0 μm。

生　　境：夏秋季单生或散生于阔叶林地上。

价　　值：可食用。

95 蓝黄红菇
Russula cyanoxantha (Schaeff.) Fr.

形态特征：菌盖直径5～14 cm，初期扁半球形至凸镜形，后期渐平展，中部下凹至漏斗状，边缘波状、内卷，颜色多样，暗紫罗兰色至暗橄榄绿色，后期常呈淡青褐色、绿灰色，往往各色混杂，湿时或雨后稍黏，表皮层薄，边缘易剥离，无条纹，或老熟后有不明显条纹；菌肉白色，在近表皮处呈粉色或淡紫色，气味和味道温和；菌褶直生至稍延生，白色，较密，不等长，褶间有横脉；菌柄长5～10 cm，直径1.5～3 cm，肉质，白色，有时下部呈粉色或淡紫色，上下等粗，内部松软；担孢子宽卵圆形至近球形，表面具分散小疣，少数疣间相连，无色，淀粉质，7.0～8.5 μm × 6.5～7.5 μm。

生　　境：生于亚热带壳斗科植物林下或针阔混交林地上。

价　　值：可食用。

96 毒红菇
Russula emetica (Schaeff.) Pers.

形态特征：子实体中等大小，菌盖直径5~9 cm，菌盖扁半球形，后变平展，老后下凹，浅粉红色至珊瑚红色，边缘色较淡，有棱纹，表皮易剥离，表面黏。菌肉薄，白色，味辛辣；菌褶直生，较稀，等长，纯白色，褶间有横脉；菌柄圆柱形，长3~6 cm，直径1~2 cm，白色或粉红色，内部松软；孢子印白色；担孢子宽椭圆形或近球形，无色，有小刺，8.0~11.0 μm × 7.0~9.0 μm。

生　　境：夏秋季生于松林或阔叶林地上。

价　　值：有毒。

97 日本红菇
Russula japonica Hongo

形态特征：菌盖直径6～15 cm，中央凹至近漏斗形，边缘略内卷，白色，常有土黄色的色斑，湿时稍黏。菌肉脆，白色；菌褶直生至贴生，甚密，盖缘处每厘米约30片，不等长，部分分叉，白色，成熟时部分变乳黄色至土黄色，易碎；菌柄长2.5～5 cm，直径1.2～2.5 cm，中生至微偏生，白色；担孢子宽椭圆形至近球形，具小刺，小刺间偶有连线，不形成网纹，无色，淀粉质，6.0～7.0 μm × 5.0～6.0 μm。

生　　境：散生至群生于阔叶林、针阔混交林或针叶林地上。

价　　值：有毒。

98 绒紫红菇
Russula mariae Peck

形态特征: 菌盖直径3.5～9 cm，扁半球形，后平展至中部下凹，不黏，玫瑰红或玫瑰紫红色，中部色较深，有微细绒毛，边缘幼时内卷，老后有不明显条纹；菌肉白色，有时表皮下为淡红色，中部厚，边缘薄，味道柔和无气味；菌褶白色，后污乳黄色，稍密，等长，基部分叉，有横脉，直生或稍下延；菌柄长2.5～5 cm，粗1～2 cm，粉红至暗淡紫红色，有的基部白色，中实，后松软，近圆柱形或向下渐细；孢子印淡乳黄色；担孢子无色，球形或近球形，有小刺和网纹，7.0～9.1 μm×7.0～7.6 μm；褶侧囊体多，近梭形，60.0～127.0 μm×7.5～13.0 μm。

生　　境: 夏秋季单生或群生于阔叶林地上。

价　　值: 可食用。

9.9 稀褶黑菇
Russula nigricans Fr.

形态特征：子实体一般较大，菌盖直径7～18 cm，初期扁半球形至凸镜形，中部
下凹，后期渐平展，表面平滑，表面颜色初期污白色，后变黑褐色，
边缘初期内卷，老后边缘有不明显的条纹或无条纹；菌肉污白色，受
伤处开始变红色，后变黑色，较厚；菌褶宽，稀而薄，污白色，直生
至弯生，不等长，褶间有横脉，伤后初期浅红色，逐渐变灰色，最后
变黑色；菌柄粗壮，圆柱形，长3～8 cm，直径1～3 cm，初期污白
色，后变黑褐色，内部实心，脆；担孢子近球形，具由疣突相连形成
的明显网纹，无色，淀粉质，
7.0～8.0 μm×6.0～7.5 μm。

生　　境：夏秋季成群或分散生长在阔叶林
或混交林地上。

价　　值：可食用，但易与剧毒的亚稀褶黑
菇混淆，慎食。

100 假致密红菇
Russula pseudocompacta A. Ghosh, K. Das, R.P. Bhatt & Buyck

形态特征：子实体高度可达10 cm，菌盖直径3～11 cm，幼时凸，逐渐宽凸，成熟时平凸至平凸具凹陷中心，表面干燥，湿润时黏稠，光滑，成熟时开裂成针形，特别是在中心，幼时为橙色至棕黄色，随着年龄的增长变为淡橙色至棕黄色；菌盖菌肉厚3～12 mm，坚硬，脆，白色，当被割伤或擦伤时变成浅橙色至棕橙色；菌褶经常有不规则分叉，白色，受伤后变成褐橙色至浅橙色；菌柄直径27～58 mm×8～21 mm，圆柱形至近棒状，光滑，白色，伤时变为棕黄色至浅橙色；担孢子球形至近球形或宽椭球状，6.0～9.0 μm×5.0～8.0 μm。

生　　境：林中地上。

价　　值：可食用。

101 茶褐红菇
Russula sororia (Fr.) Romell

形态特征：子实体中等大小，菌盖直径5～9 cm，初扁半球形，后期平展，中央凹陷，湿时黏，表面光滑，橄榄褐色至灰褐色，后期常常褪色，边缘色略浅，表皮在菌盖边缘处易剥离，边缘有小疣组成的棱纹；菌肉白色，具辣味，气味明显；菌褶初白色，后为淡灰色，常具浅褐色至浅红褐色斑点，不等长，稍密，褶间有横脉，离生；菌柄长3～6 cm，直径1～1.5 cm，近圆柱形或向下渐细，白色，后淡灰色，稍被绒毛，松软至中空；担孢子椭圆形至近球形，表面具小刺或小疣，淡黄色，6.5～7.5 μm×5.5～6.5 μm。

生　　境：生于阔叶林地上。

价　　值：可食用，含抗癌物质。

102 菱红菇
Russula vesca Fr.

形态特征：子实体中等大小，菌盖直径3.5～11 cm，初期近圆形，后扁半球形，最后平展，中部下凹，颜色变化多，酒褐色、浅红褐色、浅褐色或褐色等，边缘老时具短条纹；菌肉白色，趋于变污淡黄色，气味不显著，味道柔和；菌褶白色，或稍带乳黄色，密，直生，基部常分叉，褶间具横脉，褶缘常有锈褐色斑点；菌柄长2.5～6 cm，直径1～2 cm，圆柱形或基部略细，菌柄幼时中实，老后松软，白色，基部常略带黄或褐色；担孢子近球形，有小疣，无色，6.4～8.5 μm×4.9～6.7 μm。

生　　境：夏秋季单生或散生于阔叶林中地上。

价　　值：可食用，味不佳。

103 变绿红菇
Russula virescens (Schaeff.) Fr.

形态特征：子实体中等大小，菌盖初期球形，后呈扁半球形，中央稍凹，宽3~10 cm，不黏，浅绿色至绿色，表皮往往龟裂成不规则的小斑，边缘有明显的棱纹；菌肉白色，质脆；菌褶白色，老后米黄色，直生，等长或不等长，较密，褶间具横脉；菌柄圆柱形，长2.5~7 cm，直径1~2 cm，白色，光滑，松软，海绵质；担孢子宽椭圆形或近球形，无色，有小疣和不完整网纹，6.0~8.0 μm×4.5~6.5 μm。

生　境：生于针叶林、阔叶林地上。

价　值：著名食用菌，味美。

104 红边绿菇
Russula viridirubrolimbata J.Z. Ying

形态特征：菌盖直径 4～8 cm，初期扁半球形，后平展，中部略下凹，表面不黏，中部浅棕绿色或灰绿色，边缘粉红色至浅红色，中部有细裂纹，向外斑块状龟裂，靠近边缘渐小，边缘开裂；菌肉白色，不变色；菌褶白色，直生，稍密，等长，有的分叉，菌褶间有横脉；菌柄长 3～6 cm，直径 1～1.5 cm，白色，中空；担孢子近球形，具小疣，6.0～8.0 μm×5.0～7.0 μm。

生　　境：夏秋季单生或群生于针阔混交林中。

价　　值：可食用。

105 扁韧革菌
Stereum ostrea (Blume & T. Nees) Fr.

形态特征：子实体1年生，无柄，覆瓦状叠生，革质；菌盖半圆形或扇形，外伸可达4 cm，宽可达8 cm，基部厚可达1 mm，表面鲜黄色至浅栗色，具同心环纹，被细绒毛；边缘薄、锐，新鲜时金黄色，全缘或开裂；子实层体肉色至蛋壳色，光滑；担孢子宽椭圆形，无色，薄壁，光滑，淀粉质，不嗜蓝，5.0～6.0 μm×2.0～3.0 μm。

生　　境：春秋季生于阔叶树的死树、倒木、树桩及腐木上。

价　　值：未知。

106 洁丽新香菇
Neolentinus lepideus (Fr.) Redhead & Ginns

形态特征：菌盖直径5～16 cm，幼时半圆柱形或扁半球形，渐平展或中部下凹，乳白色至浅黄褐色或淡黄色，有深色或浅色大鳞片，边缘钝，有时开裂或波状；菌肉白色至奶油色，干后软木质；菌褶表面白色至奶油色，干后黄褐色，直生或延生至菌柄，宽，稍稀，不等长，褶缘锯齿状；菌柄长4～7 cm，直径0.8～3 cm，偏生，近圆柱形，有膜状绒毛，上部奶油色至浅黄色，基部浅褐色，有褐色至黑褐色鳞片；担孢子近圆柱形，薄壁，9.0～13.0 μm×3.5～5.5 μm。

生　　境：春秋季生于针叶树的腐木上，近丛生。

价　　值：有毒。

107 灰褐喇叭菌
Craterellus atrobrunneolus T. Cao & H.S. Yuan

形态特征：菌盖直径2～6 cm，中央下陷，表面暗褐色或暗灰色，表面光滑，边缘淡黄色或淡黄褐色；菌肉薄，暗褐色或暗灰色，受伤后不变色；子实层体脉纹状，延生，分叉，灰色或灰白色，受伤后不变色；菌柄长3～8 cm，直径0.4～0.8 cm，暗褐色或近黑色，表面近光滑，受伤后不变色；担孢子椭圆形，光滑，8.0～10.0 μm×5.0～6.5 μm。

生　　境：生于亚热带和温带阔叶林或针阔混交林地上。

价　　值：可食用，味道鲜美，是著名食用菌。

108 灰喇叭菌
Craterellus cornucopioides (L.) Pers.

形态特征：子实体小至中等，喇叭形或号角形，全体灰褐色至灰黑色，半膜质，薄，高3～10 cm；菌盖中部凹陷很深，表面有细小鳞片，边缘波状或不规则形向内卷曲；菌褶阙如；子实层淡灰紫色，平滑，或稍有皱纹；菌柄长2～5 cm，直径0.5～1 cm，向下变细，空心；担子多2孢；担孢子椭圆形，光滑，10.0～15.0 μm×6.0～10.0 μm。

生　　境：单生或群生至丛生于阔叶林地上。

价　　值：可食用，味道鲜美，是著名食用菌。

109 鸡油菌
Cantharellus cibarius Fr.

形态特征：子实体高4～12 cm，肉质，喇叭形，鲜杏黄色至蛋黄色；菌盖直径
3～12 cm，初期扁平，后下凹，平滑，生长盛期略黏，边缘波状，有
时瓣裂，内卷；菌肉厚2～4 mm，近白色至蛋黄色，有杏仁味；菌褶
延生，棱褶状，狭窄而稀疏，分叉或相互交织；菌柄长2～8 cm，直径
0.8～2 cm，向下渐细，杏黄色，光滑，实心；担孢子椭圆形，光滑，透
明，7.0～10.0 μm×5.0～6.5 μm。

生　　境：夏秋季生于针叶林或针阔混交林地上。

价　　值：可食、药用，能清目，益肠胃。

110 小鸡油菌
Cantharellus minor Peck

形态特征：菌盖直径1～3 cm，初期近半球形至扁平，中部下凹呈浅花瓣状或喇叭状，边缘弯曲或呈不规则波浪形，内卷，杏黄色至鲜黄色、蛋黄色或橙黄色，光滑；菌肉脆，薄，淡黄色或淡橘黄色，有较淡的芳香味；菌褶延生至近延生，稀疏，窄，棱脊状，蛋黄色或橙黄色；菌柄长1.5～4 cm，直径0.2～0.7 cm，圆柱形，上下近等粗或向下渐细，同菌盖颜色或稍浅，实心，后变空心；担孢子椭圆形至卵圆形，光滑，淡黄色至淡赭色，6.0～10.0 μm×4.5～6.0 μm。

生　　境：夏秋季群生于针阔混交林地上。

价　　值：可食、药用，能清目，益肠胃。

111 鸡油菌一种
Cantharellus sp.

形态特征：子实体小型，质地脆、易碎，菌盖直径1～3 cm，形状不规则，中央稍下陷，幼时暗绿褐色稍带黄色，成熟时浅黄色稍带绿褐色调；菌肉淡黄色，薄；菌褶延生，较窄，稀疏，棱脊状，具横脉；菌柄长1～3 cm，直径0.2～0.3 cm，黄色；担子35.0～40.0 μm×5.0～8.0 μm，长柱状；担孢子宽椭圆形，无色，光滑，9.5～11.0 μm×7.5～9.0 μm，非淀粉质；担子果各部位均具锁状联合。

生　　境：秋季群生于针阔混交林地上。

价　　值：可食、药用。

112 晶紫锁瑚菌
Clavulina amethystina (Bull.) Donk

形态特征：子实体小至中等，多分枝，整体呈帚状，高4～8 cm，宽3～6 cm；柄单生或多个聚生，0.5～3 cm×0.4～1.5 cm，白色，分枝多歧，灰紫色至水晶紫色，枝顶锥形或尖齿状，比枝色浅；菌丝具锁状联合；担孢子6.5～8.5 μm×6.0～8.0 μm，近球形，表面光滑。

生　　境：夏秋季群生或丛生于阔叶林地上。

价　　值：未知。

113 卷缘齿菌
Hydnum repandum L.

形态特征：菌盖直径3～10 cm，不规则圆形，表面米黄色或蛋壳色，具丝质绒毛，后光滑，初期盖缘内卷，后期上翘或开裂；菌肉黄白色，近柄处厚2～3 mm；菌齿黄白色，延生，直，长2～4 mm，每毫米2～4根，近锥形，尖；菌柄中生，与菌盖同色或稍浅，长3～8 cm，直径0.5～2 cm，圆柱形，内实；担孢子7.0～9.0 μm×6.5～8.0 μm，球形至近球形，无色，光滑。

生　　境：夏秋季散生或群生于阔叶林地上。

价　　值：可食用。

114 球基蘑菇
Agaricus abruptibulbus Peck

形态特征：菌盖直径4～10 cm，凸镜形至扁半球形，中部突起，后期平展，表面白色至浅黄白色，中部颜色深，边缘附有菌幕残片；菌肉厚，白色或浅黄色；菌褶离生，初期灰白色，渐变为浅黄褐色，后期呈紫褐色；菌柄长5～15 cm，直径1～3 cm，圆柱形，基部膨大呈近球形；菌环上位，膜质，白色，易脱落；担孢子6.0～9.0 μm×4.0～5.0 μm，椭圆形至宽椭圆形，光滑，暗黄褐色至深褐色。

生　　境：夏秋季群生或散生于混交林地或林缘草地。

价　　值：可食用。

115 蘑菇
Agaricus campestris L.

形态特征：子实体中等至稍大，菌盖直径3～13 cm，初扁半球形，后近平展，有时中部下凹，白色至乳白色，光滑或后期具丛毛状鳞片，干时边缘开裂；菌肉白色，厚；菌褶初粉红色，后变褐色至黑褐色，离生，较密，不等长；菌柄较短粗，长1～9 cm，粗0.5～2 cm，有时稍弯曲，白色，近光滑或略有纤毛，中实；菌环单层，白色膜质，生菌柱中部，易脱落；担孢子椭圆形，灰褐色至暗黄褐色，光滑，7.0～9.0 μm×4.5～6.0 μm。

生　　境：生于草地或林地上。

价　　值：可食用。

116 假紫红蘑菇
Agaricus parasubrutilescens Callac & R.L. Zhao

形态特征：菌盖直径8.5～12.5 cm，平凸具宽伞盖，表面干燥，菌盖表面纤维状，边缘破碎成更小的鳞片，贴伏，棕色，潮湿时带红色；菌柄长12～15 cm，顶部直径0.8～1 cm，基部直径1.5～1.6 cm，棍棒状；菌环以上光滑，棕色，环下白色，具大鳞片，接触时不变色；菌环膜质，宽10～25 mm，大，下垂，全缘；菌肉白色，暴露时菌盖菌肉和菌柄菌肉的中心会迅速变成微橙色；担孢子4.2～6.0 μm×3.0～3.5 μm，椭圆形，棕色，光滑，厚壁。

生　　境：生于林地上。

价　　值：未知。

117 紫肉蘑菇
Agaricus porphyrizon P. D. Orton

形态特征：菌盖直径6~7 cm，初期半球形，后凸镜形至平展，有时中央凹陷，表面具暗红色至粉棕色鳞片，不易脱落，成熟后颜色稍淡，边缘内卷，开裂；菌肉白色，较厚；菌褶离生，密，不等长，幼时白色，成熟后灰色至紫黑色；菌柄长5~8 cm，白色，向基部渐粗，成熟后空心；菌环上位，白色，膜质；担孢子椭圆形，光滑，棕色至棕紫色，5.0~6.5 μm×3.5~4.5 μm。

生　　境：夏秋季单生或群生于林中。

价　　值：有毒。

118 林地蘑菇
Agaricus silvaticus Schaeff.

形态特征：子实体中等或稍大，菌盖直径5～12 cm，扁半球形，逐渐伸展，近白色，中部覆有浅褐色或红褐色鳞片，向外渐稀少，干燥时边缘呈辐射状裂开；菌肉白色，较薄；菌褶初白色，渐变粉红色，后栗褐色至黑褐色，离生，稠密，不等长；菌柄长6～12 cm，直径0.8～1.6 cm，白色，伤后变污黄色，菌环以上有白色纤毛状鳞片，充实至中空，基部略膨大；菌环白色，膜质，单层，生菌柄上部或中部；担孢子椭圆形，光滑，浅褐色，5.0～6.5 μm×3.5～4.5 μm。

生　　境：生于针、阔叶林地上。

价　　值：未知。

119 毛头鬼伞
Coprinus comatus (O.F. Müll.) Pers.

形态特征：菌盖高6～11 cm，宽3～6 cm，幼期圆筒形，后呈钟形，最后平展，初白色，有绢丝状光泽，顶部淡土黄色，光滑，后渐变深色，表皮开裂成平伏而反卷的鳞片，边缘具细条纹，有时呈粉红色；菌肉白色，中央厚，四周薄；菌褶初白色，后变为粉灰色至黑色，后期与菌盖边缘一同自溶为墨汁状；菌柄长7～25 cm，直径1～2 cm，圆柱形，基部纺锤状并深入土中，光滑，白色，中空，近基部渐膨大并向下渐细；菌环白色，膜质，后期可以上下移动，易脱落；担孢子12.5～19.0 μm×7.5～11.0 μm，椭圆形，光滑，黑色。

生　　境：夏秋季群生或单生于草地、林中空地、路旁或田野上。

价　　值：可食用。

1.20 隆纹黑蛋巢菌
Cyathus striatus (Huds.) Willd.

形态特征: 子实体小, 包被杯状, 长0.7～1.5 cm, 宽0.6～0.8 cm, 由栗色的菌丝垫固定于基物上, 外面有粗毛, 初期棕黄色, 后期色渐深, 褶纹常不清楚, 毛脱落后上部纵褶明显; 内表灰色至褐色, 无毛, 具明显纵纹; 小包扁圆, 直径1.5～2 mm, 黑色, 其表面有一层淡色而薄的外膜, 无粗丝组成的外壁; 担孢子椭圆形, 16.0～22.0 μm × 6.0～8.0 μm。

生　　境: 夏秋季群生于落叶林中朽木或腐殖质多的地上。

价　　值: 可药用。

1.21 锐鳞环柄菇
Lepiota aspera (Pers.) Quél

形态特征：子实体一般中等大小，菌盖直径4～10 cm，初期半球形，后近平展，中部稍凸起，表面干，黄褐、浅茶褐至淡褐红色且具有直立或颗粒状尖鳞片，中部密，后期易脱落，边缘内卷，常附絮状的白色菌幕；菌肉白色，稍厚。菌褶污白色，离生，密或稍密，不等长，边缘粗糙似齿状；菌柄长4～10 cm，直径0.5～1.5 cm，圆柱形，往往基部膨大，同菌盖色，具有近似菌盖上的小鳞片且易脱落，环以上污白色，以下褐色，内部松软至空心；菌环膜质，上面污白而下面同盖色，粗糙，易破碎；担孢子椭圆形，无色，光滑，5.0～8.6 μm×3.6～4.0 μm。

生　　境：夏秋季散生、群生在针叶林或阔叶林地上。

价　　值：未知。

122 黑顶环柄菇
Lepiota atrodisca Zeller

形态特征：子实体稍大，菌盖直径5～12 cm，半球形至扁半球形，后近扁平，污
　　　　　白色，中部有黑褐色鳞片向边缘渐少；菌肉白色；菌褶污白色，离生，
　　　　　较密，不等长；菌环生于菌柄的上部；菌柄细长，长6～13 cm，直径
　　　　　0.5～0.7 cm，柱形，带褐色，上部色浅，基部稍膨大，内部松软；担孢
　　　　　子椭圆形，无色，光滑，6.0～8.0 μm×3.0～5.0 μm。

生　　境：生于林中地上。

价　　值：未知。

1.23 栗色环柄菇
Lepiota castanea Quél.

形态特征：菌盖直径2~4 cm，初期近钟形至扁平，后期平展而中部下凹，中央突
　　　　　起，表面土褐色至浅栗褐色，中部色暗，上面布满粒状小鳞片；菌肉薄，
　　　　　污白色；菌褶离生，呈黄白色，不等长，较密；菌柄长2~4 cm，直径
　　　　　0.2~0.4 cm，细，圆柱形，中空；菌环不明显，生于菌柄上部；菌环以
　　　　　上近光滑，污白色，菌环以下同盖色，有细小的呈环状排列的褐色鳞片；
　　　　　担孢子近梭形，光滑，无色，拟糊精质，9.0~12.5 μm×4.0~5.5 μm。

生　　境：夏季生于针叶林地上。

价　　值：记载有毒。

124 雪白环柄菇
Lepiota nivalis W.F. Chiu

形态特征：菌盖直径1.2～2.5 cm，扁半球形至平展，白色，被辐射状丝质鳞片，盖
　　　　　表由呈匍匐、辐射状排列的直径3～5 μm的菌丝组成；菌肉薄，肉质，
　　　　　白色；菌褶离生，白色；菌柄长2～3 cm，直径0.2～0.3 cm，近圆柱形，
　　　　　白色；菌环白色，膜质；担孢子侧面观呈杏仁形，背腹观卵圆形，光
　　　　　滑，无色，拟糊精质，6.0～7.5 μm×3.5～4.5 μm。

生　　境：生于林中地上。

价　　值：未知。

125 纯黄白鬼伞
Leucocoprinus birnbaumii (Corda) Singer

形态特征：子实体较小，柠檬黄色；菌盖直径2～5 cm，初期呈钟形或斗笠形，后期稍平展，表面有一层柠檬黄色粉末，边缘具细长条棱；菌肉黄白色，薄，质脆；菌褶淡黄色至白黄色，离生，不等长，稍密，边缘粗糙；菌柄细长，向下渐粗，长4～8 cm，直径0.2～0.5 cm，表面被一层柠檬黄色粉末，内部空心，质脆；菌环膜质，薄，生柄之上部，易脱落；担孢子侧面观卵状椭圆形或杏仁形，背腹观椭圆形或卵圆形，具明显的芽孔，无色，光滑，拟糊精质，9.0～10.5 μm×6.0～7.5 μm。

生　　境：夏秋季在林地、道旁、田野等地上散生或群生。

价　　值：有毒。

126 脆黄白鬼伞
Leucocoprinus fragilissimus (Ravenel ex Berk. & M.A. Curtis) Pat.

形态特征：子实体较小，菌盖直径2～5 cm，圆锥形至钟形，后期近平展，淡黄色，中央色深，具放射状长条棱及附有黄色小粉粒；菌肉很薄，膜质；菌褶白色，离生，较稀；菌柄细长，长5～8 cm，直径0.2～0.3 cm，柱形，基部稍膨大，具毛鳞，空心，质脆；菌环膜质，生菌柄中上部；担孢子侧面观卵圆形或椭圆形，无色，光滑，具芽孔，5.0～7.0 μm×3.0～4.0 μm。

生　　境：生于林中地上。

价　　值：未知。

127 脱皮高大环柄菇
Macrolepiota detersa Z.W. Ge, Zhu L. Yang & Vellinga

形态特征：子实体中等至较大，菌盖直径8～12 cm，幼时卵形或半球形，后平展，中部凸起，被淡棕色破布状鳞片，非常容易脱落而露出下面的菌肉；菌肉白色，海绵质；菌褶离生，幼时白色，成熟时奶油色，中等密，不等长；菌柄长13～30 cm，直径1.0～1.5 cm，圆柱形，向上渐细，具棕色粉状鳞片；菌环膜质，位于柄上部；担孢子椭圆形，无色，光滑，具萌发孔，14.0～16.0 μm × 9.0～10.5 μm。

生　　境：生于道旁、林地边缘地上。

价　　值：可食用。

128 缠足鹅膏
Amanita cinctipes Corner & Bas

形态特征：子实体中等大小，菌盖直径5～7 cm，扁半球形至平展，表面灰色、暗灰色至褐灰色，具灰色至深灰色易脱落的粉质疣状至毡状菌幕残余，边缘具沟纹；菌褶白色至灰白色，短菌褶近菌柄端多平截；菌柄长6～13 cm，细长，污白色至淡白色，下半部被灰色纤丝状至鳞片状，上半部被灰色粉末状鳞片，空心，基部不膨大；无菌环；担孢子球形至近球形，非淀粉质，无色，8.0～11.0 μm × 8.0～10.5 μm。

生　　境：生于由壳斗科等阔叶树组成的林中地上。

价　　值：可食用。

129 小托柄鹅膏
Amanita farinosa Schwein.

形态特征：菌盖直径3～5 cm，浅灰色至浅褐色，边缘有长棱纹；菌幕残余粉末状，有时疣状至絮状，灰色至褐灰色；菌肉白色；菌褶白色，较密；菌柄长5～8 cm，直径0.3～0.6 cm，近圆柱形或向上逐渐变细，白色，基部膨大呈近球状至卵形，上半部被有灰色至褐灰色粉状菌幕残余；菌环无；担孢子6.5～8.0 μm×5.5～7.0 μm，近球形至宽椭圆形，光滑，无色，非淀粉质。

生　　境：夏秋季生于林中地上。

价　　值：有毒。

130 格纹鹅膏
Amanita fritillaria (Sacc.) Sacc.

形态特征：子实体中等至稍大，菌盖直径4～12 cm，初期近半球形，后扁平至平展，菌盖表面浅灰色、褐灰色至浅褐色，中部色较深，具辐射状隐生纤丝花纹，边缘无沟纹，被菌幕残余；菌肉白色，伤后不变色；菌褶离生至近离生，白色，较密，不等长，短菌褶近菌柄端渐窄；菌柄长5～10 cm，直径0.6～1.5 cm，近圆柱形或向上稍变细，菌环之上具淡灰色至灰色的蛇皮纹状鳞片，菌环之下被有灰色、淡褐色至褐色常呈蛇皮纹状的鳞片，内部实心至松软，白色；菌环上位至近顶生，在菌环边缘常有深灰色、粉色菌幕残余；基部膨大呈近球状、陀螺状至梭形，其上部被有的菌幕残余深灰色、鼻烟色至近黑色，絮状至疣状，呈环带状排成数圈；担孢子宽椭圆形至椭圆形，淀粉质，无色，担孢子7.0～9.0 μm×5.0～8.5 μm。

生　　境：夏秋季群生或散生于林中地上。

价　　值：有微毒。

131 灰花纹鹅膏
Amanita fuliginea Hongo

形态特征：菌盖中等大小，直径5~9 cm，深灰色、暗褐色至近黑色，具深色纤丝状隐花纹或斑纹，边缘平滑无沟纹；菌褶离生，白色，较密，短菌褶近菌柄端渐变狭；菌柄长5~15 cm，白色至浅灰色，常被浅褐色鳞片，基部近球形；菌环顶生至近顶生，灰色，膜质；菌托浅杯状，白色；担孢子球形至近球形，8.0~10.0 μm × 7.0~9.5 μm。

生　　境：夏秋季生于亚热带阔叶林或针阔混交林地上。

价　　值：有剧毒，严重时可致死。

132 粉褶鹅膏
Amanita incarnatifolia Zhu L.Yang

形态特征：菌盖直径3.5～8 cm，扁半球形至平展，菌盖表面淡灰色至灰褐色，中间
色较深，菌盖边缘具沟纹；菌褶粉红色，较密；菌环上生，白色至淡灰
色；菌柄长5～10 cm，直径0.5～1.5 cm，菌环之上为淡粉红色，菌环之
下为白色；菌托袋状，高1.5～4 cm，直径1～2.5 cm，白色；担孢子椭
圆形，部分宽椭圆形，非淀粉质，9.5～13.5 μm×7.0～9.5 μm。

生　　境：夏秋季生于林中地上。

价　　值：可能有毒。

133 异味鹅膏
Amanita kotohiraensis Nagas. & Mitan

形态特征：菌盖直径5～8 cm，近半球形，后凸镜形至平展，白色，有时中央带米黄色，常有块状菌幕残留，边缘常悬垂有絮状物；菌肉白色，伤不变色，常有刺鼻气味；菌褶离生，浅黄色，密；菌柄长6～13 cm，直径0.5～1.5 cm，近圆柱形，白色，被白色细小鳞片，基部膨大，直径1.5～4 cm，近球形，有环状排列的突起，常埋于土中；菌环上位至近顶生，白色，膜质，宿存悬垂于菌盖边缘，或破碎消失；担孢子7.5～9.5 μm×5.0～6.5 μm，宽椭圆形，光滑，无色，淀粉质。

生　　境：夏秋季生于针阔混交林或常绿阔叶林地上。

价　　值：有毒。

134 长棱鹅膏
Amanita longistriata S.Imai

形态特征： 子实体中等大小，菌盖直径3～7 cm，扁半球形至平展，菌盖表面淡灰
色、灰色至灰褐色，中部常褐色，菌盖边缘有长沟纹；菌褶淡粉红色，
较稀；菌柄长6～10 cm，直径0.5～1.5 cm，白色；菌环生于菌柄中上
部，膜质，较小，白色；菌托袋状；担孢子宽椭圆形，光滑，无色，非
淀粉质，8.0～13.0 μm×7.5～11.0 μm。

生　　境： 夏秋季单生或群生于林中地上。

价　　值： 可能有毒。

135 隐花青鹅膏
Amanita manginiana Har. & Pat.

形态特征：子实体中等至稍大，菌盖直径5～15 cm，扁平至平展，表面灰色、深灰色、灰褐色至淡褐色，中部色较深，具深色纤丝状花纹，光滑，偶被白色破布状菌幕残余，边缘常挂白色菌环残余，无沟纹；菌褶白色，短菌褶近菌柄端渐窄；菌环上位，白色，有时灰白色，或宿存或消失；菌柄长8～15 cm，直径0.5～3 cm，白色，常被白色纤毛状至粉状鳞片，基部腹鼓状至棒状；菌托苞状或杯状，高可达6 cm，白色；担孢子近球形至宽椭圆形，光滑，淀粉质，无色，6.0～8.0 μm×5.0～7.0 μm。

生　　境：夏秋季生于松、栎树组成的林中地上。

价　　值：有毒。

136 拟卵盖鹅膏
Amanita neoovoidea Har. & Pat.

形态特征：菌盖直径7～18 cm，幼时半球形或扁半球形，后期扁平，污白色，湿时表面稍黏，有粉末状物，往往覆盖大片浅土黄色菌托残片，菌盖边缘无条纹，常有白色至米黄色絮状物；菌肉白色，稍厚，伤后稍暗色且带红色；菌褶白色带浅土黄褐色，离生，密，不等长；菌环呈一层棉絮状膜，逐渐破碎脱落；菌柄长7～20 cm，直径1～3 cm，呈棒状，白色至污白色，表面似粉状或绵毛状鳞片，基部膨大呈腹鼓状，其上有淡黄色菌幕残余，呈破布状，有时几乎没有；担孢子椭圆形，无色，光滑，7.0～9.0 μm×5.0～6.5 μm。

生　　境：夏秋季生于针叶林或针阔混交林地上。

价　　值：剧毒。

137 欧氏鹅膏
Amanita oberwinklerana Zhu L. Yang & Yoshim.

形态特征：子实体中等大小，菌盖直径3～8 cm，扁平至平展，中央一般无凸起，菌盖表面白色，中央有时米黄色，光滑或有时有1～3大片白色、膜质菌幕残余，菌盖边缘罕有菌环残余，无沟纹（老后偶有不明显沟纹）；菌褶白色，老后米色至淡黄色，短菌褶近菌柄端渐窄；菌柄白色，常被白色翻卷纤毛状或绒毛状鳞片；菌环上位，白色；菌柄基部膨大呈白萝卜状；担孢子椭圆形，光滑，无色，淀粉质，8.0～10.5 μm×6.0～8.0 μm。

生　　境：夏秋季生于林中地上。

价　　值：有剧毒。

138 东方黄盖鹅膏
Amanita orientigemmata Zhu L.Yang & Yoshim.Doi

形态特征：菌盖直径4～10 cm，扁平至平展，边缘有短沟纹，幼时黄褐色，成
　　　　　熟后黄色至淡黄色，中部有时颜色稍深，被菌幕残余，菌幕残余为
　　　　　白色至污白色，呈碎布状；菌褶离生至近离生，白色至米色；菌环
　　　　　膜质，白色，易脱落；菌柄基部球形，直径1～2 cm，上部被有白
　　　　　色至淡黄色碎片状菌幕残余；担孢子宽椭圆形至椭圆形，非淀粉质，
　　　　　8.0～10.0 μm×6.0～7.5 μm。

生　　境：夏秋季生于针叶林或针阔混交林地上。

价　　值：有毒。

139 小豹斑鹅膏
Amanita parvipantherina Zhu L. Yang, M. Weiss & Oberw.

形态特征：菌盖直径3～6 cm，淡灰色、浅褐色至淡黄褐色，被米白色、白色、污白色或淡灰色的角锥状鳞片，边缘有沟纹；菌褶离生至近离生，白色至米色，短菌褶近菌柄端平截；菌柄淡黄色、米色至白色，基部近球形，被白色、米色至淡黄色或淡灰色鳞片；菌环上位，膜质，白色至米色；担孢子宽椭圆形至椭圆形，光滑，无色，非淀粉质，8.5～11.5 μm × 7.0～8.5 μm。

生　　境：夏秋季单生或群生于阔叶林地上。

价　　值：有剧毒。

140 土红鹅膏
Amanita rufoferruginea Hongo

形态特征：子实体小至中等，菌盖直径3～7.5 cm，初期半球形，渐开伞平展或边缘翻起，具明显长条棱，菌盖表面黄褐色，被菌幕残余，菌盖及菌柄密被土红色、锈红色粉末，老后渐脱落；菌肉白色，具清香气味；菌褶白色，离生，较密，不等长，短菌褶近菌柄端多平截；菌柄细长，柱状，长5～12 cm，直径0.7～1.0 cm，基部稍膨大且有几圈粉粒状鳞片组成的菌托；菌环上位，上表面乳白色，下表面有粉末，膜质或破碎和脱落；担孢子近球形，有时球形，非淀粉质，无色，7.0～9.0 μm × 6.5～8.5 μm。

生　　境：单生或群生于马尾松等林地上。

价　　值：有毒。

141 刻鳞鹅膏
Amanita sculpta Corner & Bas

形态特征：子实体大型，成熟时菌盖直径8~18 cm，半球形至稍平展，菌盖表面灰褐色、淡褐色至紫褐色，菌盖上附有灰褐色至深褐色的锥状至疣状的菌幕残余，盖缘处鳞片更易脱落，边缘无沟纹，常垂挂有絮状附属物；菌肉厚，白色至浅褐色，无明显气味，伤后变为褐色至深褐色；菌褶初期污白色、灰白至淡灰褐色，伤处变褐色，离生，密至稍密，不等长，宽达1 cm左右，短菌褶刀状，边缘有粉粒；菌柄圆柱形，同盖色，长8~20 cm，直径1~3 cm，中上部有灰白色棉絮状绒毛，菌环以下有紫褐色鳞片，内部实心至松软，基部膨大呈球形，直径可达5.2 cm；菌环膜质，边缘呈丝膜或絮状，上表面具细条纹，上位，易脱落；菌托由环状排列的大型鳞片组成；担孢子球形至近球形，光滑，淀粉质，无色，8.0~11.0 μm × 8.0~10.5 μm。

生　　境：单生或散生于常绿阔叶林地上。

价　　值：有毒。

142 中华鹅膏
Amanita sinensis Zhu L. Yang

形态特征：菌盖直径7～12 cm，初钟状、半球形，后扁半球形至平展，边缘几乎无至有较明显棱纹，灰白色至灰色，外被灰色、深灰色至灰褐色菌幕，可在中部形成疣状至颗粒状鳞片，近盖边缘呈小疣状至絮状，常部分脱落；菌肉较薄，白色；菌褶离生至近离生，较密，不等长，白色；菌柄地上部分长8～15 cm，直径1～2.5 cm，近圆柱形，污白色至浅灰色，具浅灰色、灰色至深灰色、易脱落的粉末状至絮状鳞片，基部棒状至近梭形，常有较长呈假根状的地下部分；菌环顶生至近顶生，膜质，易脱落；担孢子宽椭圆形至椭圆形，光滑，无色，非淀粉质，9.5～12.5 μm × 7.0～8.5 μm。

生　　境：夏秋季生于针叶林或针阔混交林地上。

价　　值：可食用。

143 杵柄鹅膏

Amanita sinocitrina Zhu L. Yang, Zuo H. Chen & Z.G. Zhang

形态特征：子实体中等大小，菌盖直径3～8 cm，扁平至平展，中央有时有圆钝凸起，颜色中央较深，灰黄色、淡褐色，边缘色浅，为黄色，边缘无沟纹，被菌幕残余；菌褶白色至米黄色，短菌褶近菌柄端渐窄；菌柄长6～10 cm，直径0.5～1.5 cm，菌环之上被有淡黄色纤毛状鳞片，之下被有白色至淡灰色鳞片或纤毛；菌环上位或中位，白色至米黄色，宿存；菌柄基部呈杵状，在其上部边缘有淡灰色至肉褐色疣状至絮状菌幕残余；担孢子球形至近球形，淀粉质，无色，6.0～8.0 μm×5.5～7.5 μm。

生　　境：夏秋季生于混交林、松林地上。

价　　值：可能有毒。

144 角鳞灰鹅膏
Amanita spissacea S. Imai

形态特征：子实体中等大小，菌盖直径3～11 cm，灰色至灰褐色湿时稍黏，边缘平滑或有不明显的条棱，表面有黑褐色角锥状或颗粒状鳞片，往往有规律地密集排列成环；菌肉白色；菌褶白色，离生，较密，不等长；菌柄长4～10 cm，直径1～2 cm，顶部色深而菌环以下灰色且有深灰色花纹鳞片，基部膨大；菌环上表面白色，下表面灰色，膜质，上位；菌托由4～7圈黑褐色颗粒状鳞片组成；担孢子宽椭圆形，平滑，拟糊精质，无色，7.5～9.0 μm×5.6～7.5 μm。

生　　境：春至秋季单生或群生于松林、混交林地上。

价　　值：有毒，精神型毒性。

145 残托鹅膏（有环变型）
Amanita sychnopyramis f. *subannulata* Hongo

形态特征：菌盖直径3～8 cm，扁平至平展，表面淡褐色、灰褐色至深褐色，至边
　　　　　缘颜色变淡，被白色、米色至淡灰色角锥状至圆锥状菌幕残余，基部色
　　　　　较深，边缘有长沟纹；菌褶离生至近离生，白色，短菌褶近菌柄端多平
　　　　　截；菌柄中下部至中部着生有白色至米色的膜质菌环；菌环主要由近辐
　　　　　射状排列的菌丝构成；担子30.0～42.0 μm×2.0～8.0 μm，棒状，多具4
　　　　　小梗；担孢子球形至近球形，非淀粉质，6.5～8.5 μm×6.0～8.0 μm。

生　　境：夏秋季生于阔叶林或针阔混交林地上。

价　　值：有毒。

146 锥鳞白鹅膏
Amanita virgineoides Bas

形态特征：菌盖直径7～15 cm，半球形至平展，白色，有圆锥状至角锥状鳞片；菌柄长10～20 cm，直径1.5～3 cm，圆柱形，白色，被白色絮状至粉末状鳞片，基部腹鼓状至卵形，被有疣状至颗粒状的菌托；菌环易碎，下表面有疣状至锥状小突起；担孢子宽椭圆形至椭圆形，光滑，无色，淀粉质，8.0～10.0 μm×6.0～7.5 μm。

生　　境：夏秋季生于针阔混交林地上。

价　　值：有毒。

147 阿帕锥盖伞
Conocybe apala (Fr.) Arnolds

形态特征：子实体较小，菌盖直径1～3 cm，伞形、圆锥形或钟形，菌盖浅黄褐色，
边缘常色较浅，淡黄白色，有细条纹，薄，易碎，表面稍黏；菌肉污白
色，极薄；菌褶直生，稍密，污白色，后呈浅褐色，不等长；菌柄长
6～12 cm，直径0.3～0.4 cm，白色，表面有细粉粒，空心，基部膨大；
担孢子宽椭圆形，光滑，无色，8.0～10.0 μm×6.0～7.5 μm。

生　　境：生于草地上。

价　　值：记载有毒。

148 辛格锥盖伞
Conocybe singeriana Hauskn.

形态特征：菌盖直径2.3～2.8 cm，圆锥形至钟状，菌盖表面光滑，呈透明的条纹状褶皱，颜色暗褐色，边缘完整，颜色较浅；菌褶直生，致密，黄棕色，边缘全缘，颜色同菌盖一致；菌柄9.7～11.1 cm×0.3～0.4 cm，圆柱形，光滑，与菌盖同色，顶端稍浅，球根状基部覆盖有白色菌丝；担子棒状，4个担子小梗，25.0～30.0 μm×13.0～15.0 μm；担孢子呈椭圆形，光滑，在10% KOH 中呈红棕色，15.0～17.0 μm×9.0～10.0 μm。

生　　境：动物粪便上。

价　　值：未知。

149 黄环圆头伞
Descolea flavoannulata (Lj.N. Vassiljeva) E. Horak

形态特征：菌盖直径6～8 cm，淡黄色、黄褐色至暗褐色，被有黄色细小鳞片，边缘有辐射状细条纹；菌肉与菌盖同色，伤不变色或稍暗色；菌褶直生，稍密，不等长，初期黄色，后变为褐色至锈褐色；菌柄长5～10 cm，直径0.5～2 cm，圆柱形，淡黄色至黄锈色，基部稍膨大，有菌幕残余；菌环上位，膜质，黄色；担孢子柠檬形至杏仁形，有细小疣，锈褐色，13.0～16.0 μm × 7.5～9.0 μm。

生　　境：生于林中地上。

价　　值：可食用。

150 黄褐色孢菌
Callistosporium luteo-olivaceum (Berk. & M.A. Curtis) Singer

形态特征：菌盖直径1.5～3 cm，平展或脐状，具糠秕状纹至光滑，橄榄棕色、橄榄
　　　　　黄色至暗土黄色，老后或干时暗黄棕色至深红棕色，遇 KOH 呈紫红色。
　　　　　菌肉薄，污白色或暗白色；菌褶直生，密，黄色或金黄色，干时暗红色
　　　　　至紫红色；菌柄长2～5 cm，直径0.5～0.8 cm，圆柱形或稍成棒状，肉
　　　　　桂色、黄棕色或同盖色，老后或干时暗棕色至红棕色，纤维质，中空，
　　　　　有时具沟纹，气味温和或稍有辣味；担孢子广椭圆形，表面光滑，无
　　　　　色，非淀粉质，3.0～3.5 μm×5.0～6.0 μm。

生　　境：生于林中腐木上。

价　　值：未知。

151 脆珊瑚菌
Clavaria fragilis Holmsk.

形态特征：子实体高2～6 cm，直径2～4 mm，细长圆柱形或长梭形，顶端稍细、变尖或圆钝，直立，不分枝，白色至乳白色，老后略带黄色且往往先从尖端开始变浅黄色至浅灰色，脆，初期实心，后期空心；柄不明显；担孢子长椭圆形或种子形，光滑，无色，4.0～7.5 μm × 3.0～4.0 μm。

生　　境：夏秋季丛生于林中地上。

价　　值：未知。

152 中华珊瑚菌
Clavaria sinensis P. Zhang

形态特征：子实体小至中等，分枝珊瑚状，高3～7 cm，宽4～6 cm；柄不明显，常多个聚生在一起，分枝二至四回，常二叉状，表面光滑，淡紫色、粉紫色，枝顶钝；菌丝无锁状联合；担孢子宽椭圆形，表面光滑，5.0～7.0 μm×4.0～5.0 μm。

生　　境：夏秋季常密集丛生于阔叶林中地上。

价　　值：未知。

153 虫形珊瑚菌
Clavaria vermicularis Batsch

形态特征：子实体较小，长 2.5～10 cm，直径 2～6 mm，白色，老后变浅黄色，很脆，不分枝，细长圆柱形或长梭形，常稍弯曲，内实，后变中空，顶端尖，后变钝，顶部稍带淡黄色；柄不明显；担孢子长椭圆形或种子形，光滑，无色，4.0～7.5 μm×3.0～4.0 μm。

生　　境：夏秋季丛生于林中草地或林中地上。

价　　值：可食用。

154 董紫珊瑚菌
Clavaria zollingeri Lév.

形态特征：子实体高1.5~7 cm，密集成丛，丛宽1~5 cm，基部常相连一起，呈珊瑚状，肉质，易碎，新鲜时呈淡紫色、董紫色或蓝紫色，通常向基部渐褪色；基部之上各分枝通常不再分枝，有时顶部分为两叉或多分叉的短枝，分枝直径0.3~0.6 cm；担孢子宽椭圆形至近球形，光滑，无色，5.4~7.3 μm × 4.4~5.4 μm。

生　　境：夏秋季丛生或群生于冷杉等针叶林中地上或针阔混交林中地上。

价　　值：可食用。

155 怡人拟锁瑚菌
Clavulinopsis amoena (Zoll. et Mor.) Corner

形态特征：子实体小型，圆柱形或棒状，不分枝，高3～6 cm，直径0.1～0.3 cm；
柄圆柱形，0.5～1 cm×0.1～0.2 cm，不育，橙红色；可育部分橙红色，
幼时表面光滑，老时有纵皱纹，顶端钝或稍尖；菌丝具锁状联合；担孢
子近球形或宽椭圆形，表面光滑，5.0～6.0 μm×4.0～5.0 μm。

生　　境：夏秋季群生或丛生于混交林地上。

价　　值：可食用。

156 金赤拟锁瑚菌
Clavulinopsis aurantiocinnabarina (Schwein.) Corner

形态特征：子实体高1.5～4.5 cm，直径0.5～2 mm，不分枝或少分枝，橘红色，棒状，中空，枝端尖，偶微瓣裂；菌柄分界不明显，长0.2～0.5 cm，直径0.3～1.5 mm，颜色稍暗，呈暗橙褐色；菌肉黄褐色，伤后不变色；担子长3～6 μm，棒状，具2～4个担孢子；担孢子近球形，有尖突，光滑，无色，非淀粉质，5.0～7.5 μm×5.0～6.5 μm；菌丝有锁状联合。

生　　境：夏秋季单生或丛生至簇生于阔叶林地上。

价　　值：可食用。

157 梭形拟锁瑚菌
Clavulinopsis fusiformis (Sowerby) Corner

形态特征：子实体高5～10 cm，直径2～7 cm，近梭形，鲜黄色，顶端钝，下部渐成菌柄，不分枝，簇生；菌柄阙如或不明显；菌肉淡黄色，伤后不变色；担子40.0～60.0 μm×6.0～10.0 μm；担孢子宽椭圆形，表面光滑，7.0～9.0 μm×6.0～7.0 μm。

生　　境：夏秋季生长于针阔混交林地上。

价　　值：可食用。

158 微黄拟锁瑚菌
Clavulinopsis helvola (Pers.) Corner

形态特征：子实体小型，高3～6 cm，直径0.1～0.3 cm，圆柱形或长纺锤形，不分
　　　　枝；柄圆柱形，0.5～1 cm×0.1～0.2 cm，不育，黄色半透明；可育部位
　　　　黄色，顶端钝；菌丝具锁状联合；担孢子近球形或宽椭圆形，表面有分
　　　　散的疣状纹饰，5.5～7.0 μm×4.5～6.0 μm。

生　　境：夏秋季群生或丛生于林地上。

价　　值：未知。

159 孔策拟枝瑚菌
Ramariopsis kunzei (Fr.) Corner

形态特征：子实体小至中等，子实体多分枝，整体呈帚状，高4～8 cm，宽3～6 cm；
柄单生，0.5～2 cm×0.2～0.4 cm，白色或淡土黄色，分枝多歧，白色至
奶油色，枝顶较钝，与枝同色；菌丝具锁状联合；担孢子近球形，表面
有细疣，3.5～4.5 μm×3.0～4.0 μm。

生　　境：夏秋季生于阔叶林地上。

价　　值：未知。

160 芳香杯伞
Clitocybe fragrans (With.) P. Kumm.

形态特征：子实体小，菌盖直径2.5～5 cm，初期扁平，开伞后中部有凹窝，薄，水浸状，浅黄色，湿润时边缘显出条纹；菌肉白色，很薄，气味明显香；菌褶白色至带白色，直生至延生，薄，较宽，不等长；菌柄细长，同盖色，圆柱形，光滑，长4～8 cm，直径0.4～0.8 cm，基部有细绒毛，内部空心；担孢子椭圆形或长椭圆形，光滑，无色，6.5～8.0（10.2）μm×3.5～4.0（5.0）μm；孢子印白色。

生　　境：夏末秋季群生或丛生于林中地上。

价　　值：记载含毒，可药用。

161 赭杯伞
Clitocybe sinopica (Fr.) P. Kumm.

形态特征：子实体中等至较大，菌盖直径4～11 cm，初期扁球形，后期呈漏斗形，棕红色至赭色，表面具有纤细白色绒毛，边缘光滑；菌肉白色，伤不变色；菌褶密，延生，初期白色，后期渐变为淡黄色，不等长；菌柄长4～9 cm，直径0.4～1 cm，圆柱形，同菌盖色，空心，基部有绒毛；担孢子宽椭圆形至近卵圆形，光滑，无色，8.0～9.5 μm×5.0～6.5 μm。

生　　境：夏秋季单生或群生于阔叶林地上。

价　　值：可食用。

162 紫丁香蘑
Collybia nuda (Bull.) Z.M. He & Zhu L. Yang

形态特征：子实体中等至稍大，菌盖直径3～12 cm，扁平球形至近平展，有时中央下凹，盖皮湿润，光滑，幼时边缘内卷，初蓝紫色至丁香紫色，后褐紫色；菌肉较厚，柔软，淡紫色，干后白色；菌褶直生至稍延生，蓝紫色或与盖面同色，密，不等长；菌柄长4～8 cm，直径0.7～2 cm，圆锥形，基部稍膨大，蓝紫色或与盖面同色，下部光滑或有纵条纹，稍有弹性，实心；担孢子椭圆形，近光滑或具小麻点，无色，5.0～8.0 μm×3.0～5.0 μm。

生　　境：秋季群生、近丛生、散生于针阔混交林地上。

价　　值：可食用。

163 花脸香蘑

Collybia sordida (Schumach.) Z.M. He & Zhu L. Yang

形态特征：菌盖直径4～8 cm，幼时半球形，后平展，新鲜时紫罗兰色，失水后颜色渐淡至黄褐色，边缘内卷，具不明显的条纹，边缘常呈波状或瓣状，有时中部下凹，湿润时半透状或水浸状；菌肉带淡紫罗兰色，较薄，水浸状；菌褶直生，有时稍弯生或稍延生，中等密，淡紫色；菌柄长4～6.5 cm，直径0.3～1.2 cm，紫罗兰色，中实，基部多弯曲；担孢子宽椭圆形至卵圆形，粗糙至具麻点，无色，7.0～9.5 μm×4.0～5.5 μm。

生　　境：初夏至夏季群生或近丛生于田野路边、草地、草原、农田附近、村庄路旁。

价　　值：可食用。

164 灰紫香蘑
Lepista glaucocana (Bres.) Singer

形态特征：菌盖直径4～10 cm，幼时扁半球形，成熟后近平展，中央具钝突，菌盖表面淡紫色至紫褐色，边缘内卷，平滑近波状；菌肉白色，具明显的淀粉气味；菌褶直生，密，不等长，白色；菌柄长5～8 cm，直径1～2 cm，柱形，常弯曲，白色至淡紫色；担孢子3.0～5.0 μm×2.0～3.0 μm，近球形，光滑，浅粉色。

生　　境：夏秋季散生于针阔叶混交林地上。

价　　值：可食用。

165 蓝丝膜菌
Cortinarius caerulescens (Schaeff.) Fr.

形态特征：子实体中等大小，菌盖直径4～8 cm，半球形至平展，紫褐色至土褐色，被平伏丝状物，很黏；菌肉淡紫灰色。菌褶紫褐色，弯生，较密，不等长；菌柄长4～8 cm，直径1.0～3.0 cm，有锈褐色丝膜，近圆柱形，基部膨大呈球状；担孢子近球形，褐色，表面有小疣，8.0～10.5 μm × 8.0～10.0 μm。

生　　境：夏秋季群生于林中地上。

价　　值：可食用。

166 詹尼暗金钱菌
Phaeocollybia jennyae (P. Karst.) Romegn.

形态特征：菌盖直径1.5～4 cm，圆锥形至平展脐凸形或扁锥形，橙褐色或蜡褐色，
　　　　　有贴生绒毛或光滑，边缘稍内卷；菌肉薄，淡褐色；菌褶密，初近白
　　　　　色，后变锈色，不等长；菌柄长40～50 mm，直径3～4 mm，中生至偏
　　　　　生，圆柱形，近柄基部稍膨大，向下收缩呈假根状，上部幼时近白色，
　　　　　后渐变褐色，光滑，纤维质，空心；担孢子卵圆形，有麻点，无芽孔，
　　　　　锈红褐色，4.5～6.0 μm×3.0～4.5 μm。

生　　境：夏秋季单生或散生于混交林或阔叶林地上。

价　　值：未知。

167 平盖靴耳
Crepidotus applanatus (Pers.) P. Kumm

形态特征：菌盖直径1～4 cm，扇形、近半圆形，表面光滑，无毛，湿时水浸状，干时白色或带浅粉黄色，边缘内卷，色较淡，并有细条纹；菌肉薄，带白色；菌褶较密，不等长，初白色，后浅褐色，延生；菌柄不明显或很短；担孢子宽椭圆形、球形至近球形，密生细小刺，或有麻点或小刺疣，淡褐色或锈色，4.5～7.0 μm × 4.5～6.5 μm。

生　　境：夏秋生于阔叶树的枯枝或树干等腐木上。

价　　值：未知。

168 褐毛靴耳
Crepidotus badiofloccosus S. Imai

形态特征：菌盖直径1～3.5 cm，近扇形、贝壳形或近半球形，边缘内卷，黄白色至
　　　　　污白黄色，密被褐色或深褐色毛状小鳞片，基部密生黄褐色或黄白色软
　　　　　毛；菌肉靠近基部较厚，白色；菌褶黄白色至污黄白色，后呈褐黄色至
　　　　　灰褐色；菌柄无或几乎无；担孢子球形，有微细尖状突起，具细小疣，
　　　　　黄褐色，5.0～7.0 μm×5.5～6.5 μm。

生　　境：夏秋季群生于林中阔叶树枝或腐木上。

价　　值：未知。

169 白方孢粉褶蕈
Entoloma album Hiroe

形态特征：子实体小，菌盖直径1～1.5 cm，锥形、钟形至半球形，顶部具尖凸，
　　　　　污白或粉白色，表面平滑；菌肉白色，薄；菌褶粉红色，近直生，稀，
　　　　　窄，不等长；菌柄细长，长5～7 cm，直径0.2～0.3 cm，直立，白色，
　　　　　基部稍膨大或有细绒毛，内实至松软；担孢子四角形，光滑，透明，
　　　　　7.0～9.5 μm。

生　　境：夏秋季群生或散生于阔叶树下地上。

价　　值：有毒。

170 高粉褶蕈
Entoloma altissimum (Massee) E. Horak

形态特征：菌盖直径3.5～5 cm，斗笠形，干，蓝色至蓝紫色，伤后变绿，中部被褐色绒毛，具长纵条纹；菌肉深蓝色，伤后变绿，薄；菌褶稀，不等长，弯生，伤后变绿，同盖色；菌柄棒形，长5～7 cm，直径0.3～0.5 cm，淡蓝色，具纵条纹，脆骨质，空心；担孢子近方形，具尖突，光滑，淡粉红色，非淀粉质，6.5～9.1 μm×6.4～8.3 μm。

生　　境：生于阔叶林地上。

价　　值：未知。

171 蓝鳞粉褶蕈
Entoloma azureosquamulosum Xiao Lan He & T.H. Li

形态特征：菌盖直径3～7 cm，初期半球形，成熟后平展，菌盖表面蓝色至紫蓝色，
　　　　　被蓝色粉末状细鳞片；菌肉白色；菌褶初白色，后粉红色，直生至近弯
　　　　　生，较密，不等长；菌柄长6～8 cm，直径0.8～1.2 cm，圆柱形，与菌
　　　　　盖同色，具蓝色颗粒状鳞片，基部具白色菌丝体；担孢子不规则四边
　　　　　形，小疣明显，淡粉红色，9.0～11.0 μm×7.0～8.0 μm。

生　　境：夏秋季单生或散生于阔叶林或针阔叶林地上。

价　　值：未知。

172 久住粉褶蕈
Entoloma kujuense (Hongo) Hongo

形态特征：菌盖直径2.5～8 cm，菌盖中部厚达3 mm，幼时凸镜形或半球形，成熟后近平展，有时边缘撕裂，深紫色或紫蓝色，被天鹅绒状绒毛物或麸状小鳞片，不黏，边缘无条纹；菌肉白色；菌褶初白色，后粉色，具2～3行小菌褶；菌柄长3～6 cm，直径0.3～0.7 mm，圆柱形，与菌盖同色，密被麸状小鳞片，实心，基部具白色菌丝体；担孢子10.0～12.5 μm×7.0～8.5 μm，6～7角，异径，有时呈瘤状角，淡粉红色。

生　　境：生于阔叶林地上。

价　　值：未知。

173 勐宋粉褶蕈

Entoloma mengsongense A.N. Edir., Karun., J.C. Xu,
K.D. Hyde & Mortimer

形态特征：菌盖直径3～4.5 cm，高3.5～4.5 cm，圆锥形，具乳头状凸起，少量中央凹陷略带湿性，湿润时具半透明条纹，波状边缘；菌肉幼时深蓝色，成熟或干燥后变成蓝绿色，伤后变成黄绿色；菌褶中等间距，离生，暗蓝色，在暴露或处理时变为黄绿色或绿色，边缘光滑至略有锯齿；菌柄长4.5～5.5 cm，直径5～7 mm，易碎，圆柱形，扁平，中空，无毛，稍具条纹，基部具有白色的基生菌丝；担孢子9.75～13.75 μm × 9.75～12.5 μm，在3% KOH中略微发黄，壁略厚。

生　　境：群集在落叶腐烂的土壤上。

价　　值：未知。

174 穆雷粉褶蕈
Entoloma murrayi (Berk. & M.A. Curtis) Sacc.

形态特征：子实体小，菌盖直径2～4 cm，斗笠形至圆锥形，顶部具显著长尖突或乳突，光滑或具纤毛，表面丝光发亮，湿润时边缘可见细条纹，黄色至橙黄色；菌肉薄，近无色；菌褶近粉黄色至粉红色，稍稀，不等长，弯生至近离生，边缘近波状；菌柄长4～8 cm，直径0.4～0.8 cm，细长柱形，黄白色，光滑或有丝状细条纹，内部空心，基部稍膨大；担孢子淡粉红色，近方形，9.0～11.5 μm×8.0～10.0 μm。

生　　境：夏秋季单生或散生于混交林地上。

价　　值：记载有毒。

1.7.5 极细粉褶蕈
Entoloma praegracile Xiao L. He & T.H. Li

形态特征：菌盖直径0.8～2 cm，初凸镜形，后平展，中部略凹陷或平整，淡黄色、淡黄色带粉色或橙黄色，干后带较明显的橙红色，水渍状，透明条纹直达菌盖中部，光滑；菌肉薄，与菌盖同色；菌褶宽达1 mm，直生带细密延生小齿，较稀，初白色，后变为粉红色，具1～2行小菌褶；菌柄长4～5 cm，直径1～1.5 mm，圆柱形，与菌盖同色或较深，橙黄色，光滑，空心，较脆，基部具白色菌丝体；担孢子9.0～11.5 μm×6.5～8.0 μm，5～6角，异径，有时角度不明显，壁较薄，淡粉红色。

生　　境：丛生于阔叶林地上。

价　　值：未知。

176 粉褶蕈一种
Entoloma sp.

形态特征：子实体大，菌盖5.5～10 cm，中间凹陷，杯伞状或漏斗状，米黄色、污黄色至淡黄褐色，菌盖被褐色鳞片，中部至边缘渐浅，边缘老后撕裂；菌肉白色；菌褶延生，极密，幼时白色，成熟后变为粉红色，不等长；菌柄长5～8 cm，直径4～7 mm，圆柱形，中生，米色或污白色，基部有白色菌丝，中空；无特殊气味；担孢子4～5角，多5角，等径孢子，淡粉红色，薄壁，6.2～8.1 μm×6.0～7.8 μm。

生　　境：秋季丛生于阔叶林地上。

价　　值：未知。

177 近杯伞状粉褶蕈
Entoloma subclitocyboides W.M. Zhang

形态特征：菌盖直径8～10 cm，杯伞状至漏斗状，菌盖表面灰白色、米黄色至淡
黄褐色，被淡黄褐色纤毛状鳞片；菌肉薄，白色；菌褶淡粉红色至肉
色，直生，密，不等长；菌柄长6～8 cm，直径1～0.5 cm，圆柱形，与
菌盖同色，具纵条纹；担孢子不规则四边形，小疣明显，淡粉红色，
10.0～11.0 μm × 7.0～10.0 μm。

生　　境：夏秋季单生或散生于针阔叶林地上。

价　　值：未知。

178 变绿粉褶蕈
Entoloma virescens (Sacc.) E. Horak ex Courtec.

形态特征：菌盖直径3.0～4.5 cm，高3.5～4.5 cm，圆锥形，具乳头状凸起，少量中央凹陷略带湿性，湿润时具半透明条纹，在波状边缘附近变成纤维状；菌肉幼时深蓝色，成熟或干燥后变成蓝绿色，伤后局部变成黄绿色；菌褶中等间距，暗蓝色，离生，在暴露或处理时变为黄绿色或绿色，边缘光滑至略有锯齿；菌柄长4.5～5.5 cm，直径5～7 mm，易碎，圆柱形，扁平，中空，无毛，稍具条纹；基部具有白色的基生菌丝；担孢子方形，尖突明显，淡粉红色，9.0～12.0 μm。

生　　境：夏秋季单生或散生于针阔叶林地上。

价　　值：未知。

179 暗蓝粉褶蕈
Entoloma chalybeum (Pers.) Noordel.

形态特征：子实体小，菌盖直径1～3.5 cm，初期近锥形或钟形，后期近半球形，暗蓝灰色、紫黑色至黑蓝色，中部色更深，表面具毛状鳞片，边缘有条纹；菌肉薄，暗蓝色，具强烈蘑菇气味；菌褶稍密，直生，初期蓝色或带粉红色；菌柄细长，长3～4 cm，直径1～3 mm，圆柱形，暗蓝至蓝黑色或蓝紫色，基部有白毛；担孢子长方多角形，8.0～12.0 μm×6.5～8.0 μm。

生　　境：秋季散生或单生于草地灌丛林中地上。

价　　值：记载有毒。

180 亚牛舌菌
Fistulina subhepatica B.K. Cui & J. Song

形态特征：子实体中等大小，菌盖黏，有辐射状条纹及短柔毛，宽9～10 cm，肉质，有柄，软而多汁，半圆形、匙形或舌形，暗红色至红褐色；菌肉厚，剖面可见纤维状分叉的深红色条纹，菌肉淡红色，厚1～3 cm，鲜时软而多汁；担孢子宽椭圆形，光滑，无色，4.0～6.0 μm×4.0～5.0 μm。

生　　境：生于阔叶树的树干或腐木上。

价　　值：可食、药用。

181 钟形斑褶菌
Panaeolus campanulatus (L.) Quél.

形态特征：菌盖直径1.5～3 cm，初期圆锥形至钟形，后呈半球形，中央稍凸，蛋壳色至灰褐色或带红褐色，边缘色浅，常有光泽，干时顶部常龟裂，后期变灰黑色，边缘表皮超越菌褶，悬有菌幕残片；菌肉薄，灰色至稍带褐色；菌褶直生或弯生，稍密，灰黑色，有黑色斑点；菌柄长6～9 cm，直径0.2～0.4 cm，圆柱形，初被白色粉末，褐色，向下颜色稍深，中空；菌环阙如；担孢子9.5～13.0 μm×8.0～9.5 μm，正面椭圆形至近六角形，光滑，暗褐色。

生　　境：春秋季单生或群生于阔叶林林缘地上或畜粪堆上。

价　　值：有毒。

182 粪生花褶伞
Panaeolus fimicola Fr.

形态特征：菌盖直径1～4.5 cm，半球形至钟形，表面平滑，灰褐色至灰白色，中部黄褐色至茶褐色，早期盖边缘有菌幕残片；菌肉污白，很薄；菌褶直生，灰褐色至黑色，褶沿白色絮状，不等长，且花斑黑白相间；菌柄细长，柱形，长5～15 cm，直径0.1～0.4 cm，污白色至茶褐色，顶部似粉物，内部空心；担孢子柠檬形，褐色至黑褐色，光滑，12.5～15.0 μm×8.5～11.5 μm。

生　　境：春至秋季单个或成群生长在厩肥、牲畜粪及肥沃地上。

价　　值：有毒；神经精神型毒素。

183 紫蜡蘑
Laccaria amethystea (Bull.) Murrill

形态特征：菌盖直径2～5 cm，其颜色在潮湿时为较深的紫丁香色，似蜡质，干燥时颜色会褪去，呈灰白色带紫色，其中心有时稍呈垢状，初扁球形，后渐平展，中央下凹成脐状，蓝紫色或藕粉色，边缘波状或瓣状并有粗条纹；菌肉同菌盖色，薄；菌褶蓝紫色，直生或近弯生，宽，稀疏，不等长；菌柄长3～8 cm，直径0.2～0.8 cm，有绒毛，纤维质，实心，下部常弯曲；担孢子球形或宽椭圆形，有小刺或小疣，无色，8.5～13.0 μm×7.0～11.5 μm。

生　　境：夏秋季在林中地上单生或群生，有时近丛生。

价　　值：可食用。

184 红蜡蘑
Laccaria laccata (Scop.) Cooke

形态特征：菌盖直径2～5 cm，初期扁半球形，成熟后平间中央下凹呈脐状，菌盖
　　　　　表面肉红色至红褐色，光滑，湿润时水浸状，菌盖表面条纹明显；菌
　　　　　肉肉色。菌褶直生，较稀，不等长，与菌盖同色；菌柄5～9 cm，直径
　　　　　0.3～0.8 cm，圆柱形，肉红色，基部具细小绒毛；担孢子近球形至宽椭
　　　　　圆形，具小疣，8.0～11.0 μm×7.0～9.0 μm。

生　　境：夏秋季散生或群生于林中地上。

价　　值：可食用。

185 青绿湿果伞
Gliophorus psittacinus (Schaeff.) Herink

形态特征：菌盖直径2～4 cm，初期锥形至斗笠形，成熟后平展，中央稍凸起，菌盖表面绿色至黄绿色，老时灰绿色，湿时黏，干时有丝光；菌肉薄，淡黄绿色；菌褶直生至近弯生，较稀，浅绿色至黄绿色，不等长；菌柄3～5 cm，直径0.3～0.8 cm，圆柱形，绿色至黄绿色，光滑，空心；担孢子椭圆形至宽椭圆形，光滑，无色至淡黄色，6.5～8.5 μm×4.5～5.5 μm。

生　　境：夏秋季单生或散生于针阔混交林地上。

价　　值：可食用。

186 变黑湿伞

Hygrocybe conica (Schaeff.) P. Kumm

形态特征：菌盖直径2～6 cm，初期圆锥形，后呈斗笠形，橙红、橙黄或鲜红色，从顶部向四面分散出许多深色条纹，边缘常开；菌褶浅黄色；菌肉浅黄色，受伤后变黑，菌柄下部尤其如此。菌柄长4～12 cm，直径0.5～1.2 cm，表面橙色，有纵条纹，空心；孢子印白色；担孢子椭圆形，光滑，带黄色，10.0～12.0 μm × 7.5～8.7 μm。

生　　境：夏秋季群生或散生于阔叶或针叶林地上。

价　　值：记载有毒。

187 胶柄湿伞
Hygrocybe glutinipes (J.E. Lange) R. Haller Aar.

形态特征：子实体小型，菌盖直径1.2～3 cm，初半球形，后平展，橘黄色至橘红色，具明显透明的放射状条纹，被一层黏液；菌褶弯生，粉红色至淡橘红色，蜡质，不等长；菌柄圆柱形，长2～5 cm，直径2～4 mm，橙黄色至淡黄色，黏；担孢子6.5～9.0 μm×4.0～6.0 μm，椭圆形至圆柱状，光滑，薄壁。

生　　境：草地上。

价　　值：未知。

188 稀褶湿伞
Hygrocybe sparsifolia T.H. Li & C.Q. Wang

形态特征：菌盖直径0.8～2.5 cm，幼时凸或中央微凹状，后中央凹陷，甚至直接与菌柄内腔相连，表面具深褐色的小纤毛，边缘先内卷后展开；菌褶弯生或短延生，幼时淡黄色至亮黄色或绿黄色，成熟时变成近白色、黄白色或灰黄色，受伤时先变粉至淡红色然后变灰褐色；菌柄长2～3 cm，直径2～5 mm，中生，近圆柱状，中空，表面粉黄色或绿黄色；担孢子7.5～9.5 μm×5.0～7.0 μm，椭圆形至长椭圆形，薄壁。

生　　境：群生、簇生或散生于草地上。

价　　值：未知。

189 苔藓盔孢伞
Galerina hypnorum (Schrank) Kühner

形态特征：菌盖直径 0.2～0.5 cm，钟形或凸镜形，污黄色至淡赭色，表面水浸状；菌肉薄，黄白色；菌褶较疏，直生，黄色至赭色；菌柄长 1.5～2 cm，淡黄色，干后变为深褐色，上部具白色粉末；担孢子椭圆形至卵圆形，黄褐色，表面有褶皱，9.0～12.0 μm×5.0～7.0 μm。

生　　境：夏秋季单生或散生于苔藓层上。

价　　值：有剧毒。

190 条盖盔孢伞
Galerina sulciceps (Berk.) Boedijn

形态特征：菌盖很小至小型，直径1～3 cm，黄褐色，中央稍下陷且具小乳突，边缘波状，具明显可达菌盖中央的辐射状沟条；菌褶弯生，淡褐色，不等长；菌柄顶部黄色，向下渐变深，基部褐色；无菌环；担孢子杏仁形至椭圆形，锈褐色，具小疣和盔外膜，7.5～10.0 μm×4.5～5.0 μm。

生　　境：夏秋季生于热带至南亚热带林中腐殖质上或腐木上。

价　　值：有剧毒。

191 多型盔孢伞
Galerina triscopa (Fr.) Kühner

形态特征：菌盖呈一种小而尖的驼峰状，成熟后平展菌盖中间有突起，菌盖表面有
　　　　　细绒毛，半透明条纹状褶皱，菌盖中央黄褐色，边缘颜色渐浅；菌褶弯
　　　　　生，淡褐色，稀，不等长；菌柄为深棕色，表面有细绒毛；担孢子杏仁
　　　　　状，具小疣，6.0～9.0 μm×3.5～5.0 μm。

生　　境：夏秋季生于潮湿森林中彻底腐烂的针叶树上。

价　　值：有毒。

192 热带紫褐裸伞
Gymnopilus dilepis (Berk. & Broome) Singer

形态特征：菌盖直径3～7 cm，幼时扁半球形，成熟后平展，菌盖表面橘黄色、黄褐色、锈褐色至紫褐色，中央被褐色至暗褐色直立鳞片；菌肉淡黄色至米色；菌褶直生，稍稀，不等长，褐黄色至淡锈褐色；菌柄长3～5 cm，直径0.3～0.8 cm，圆柱形，锈褐色，被细小纤维状鳞片；担孢子椭圆形至近球形，具小疣，锈褐色5.5～7.0 μm×4.0～5.0 μm。

生　　境：夏秋季群生或簇生于腐木或火烧树上。

价　　值：有毒，含裸盖菇素成分，神经精神损害型。

193 橙裸伞
Gymnopilus junonius (Fr.) P.D. Orton

形态特征: 菌盖直径3～8.3 cm，幼时半球形，中凸形，成熟时平展，中央略突
起，橙黄色至橘红色，中部有红色细鳞片，边缘平滑；菌肉黄色，厚
可达7 mm；菌褶黄色至锈色，稍密，不等长，通常直生，脆质；菌
环膜质，后期脱落；菌柄长3～10 cm，直径0.4～1 cm，圆柱形，基本
等粗，较盖色浅，具纵条纹；担孢子椭圆形，锈褐色，表面有疣突，
7.0～9.5 μm×5.0～6.5 μm。

生　　境: 生于腐木上或树皮上。

价　　值: 有毒，具药用价值。

194 烟色垂幕菇
Hypholoma capnoides (Fr.) P. Kumm

形态特征：菌盖直径2～4 cm，半球形，后宽凸镜形至平展，盖缘初期内卷，后稍展开至有时上卷，盖缘具有菌幕残片，潮湿时近水渍状，红褐色至赭褐色或浅橙褐色，盖缘灰黄色至灰白色，幼期盖缘与菌柄由丝膜状白色菌幕连接，成熟后易消失；菌肉白色至灰色；菌褶直生至弯生，白色至烟紫褐色，最后深葡萄紫褐色；菌柄长3～8 cm，直径0.2～0.7 cm，圆柱形，初期上部白色至黄白色，成熟后从基部向上逐渐变为棕褐色至锈褐色，具有菌环痕迹；担孢子7.0～8.0 μm×4.5～5.0 μm，椭圆形至稍椭圆形，光滑，淡紫褐色或紫灰色。

生　　境：夏秋季丛生至簇生于针叶树腐木上或混交林腐木上。

价　　值：可食用。

195 簇生垂幕菇
Hypholoma fasciculare (Huds.) P. Kumm.

形态特征：菌盖直径 0.3～4 cm，初期圆锥形至钟形，近半球形至平展，中央钝至稍尖，硫黄色至盖顶稍红褐色至橙褐色，光滑，盖缘硫黄色至灰硫黄色，并吸水至稍水渍状，干后易转变为黑褐色至暗红褐色，或水渍状部位暗褐色；盖缘初期覆有黄色丝膜状菌幕残片，后期消失；菌肉浅黄色至柠檬黄色。菌褶弯生，初期硫黄色，后逐渐转变为橄榄绿色，最后转变为橄榄紫褐色；菌柄长 1～5 cm，直径 0.1～0.4 cm，圆柱形，硫黄色，向下逐渐变为橙黄色至暗红褐色，有时具有菌幕残痕或易消失的菌环，柄基部具有黄色绒毛；担孢子 5.5～6.5 μm×4～4.5 μm，椭圆形至长椭圆形，光滑，淡紫灰色。

生　　境：夏秋季簇生至丛生于腐烂的针阔叶树伐木、木桩、腐倒木、腐烂的树枝上，或埋入地下的腐木上。

价　　值：有毒。

196 尖顶丝盖伞
Inocybe napipes J.E. Lange

形态特征：菌盖直径2.0～3.5 cm，土黄褐色，表面有较明显的细缝裂，呈放射状纹，边缘开裂，盖中央突起，突起有不明显的平伏鳞片，盖缘无丝膜状菌幕残余；菌肉有很浓的土腥味，肉质，白色；菌褶弯生或稍离生，初期白色，后变灰色，中等密，褶缘带白色；菌柄长6～8 cm，圆柱形，实心，与菌盖同色，向下渐粗，被细密白霜，直至柄基部，基部球形膨大且具边缘；担孢子星形，淡褐色，10.0～11.0 μm×8.0～9.5 μm。

生　　境：夏秋季单生于阔叶林地上。

价　　值：有毒。

197 裂丝盖伞
Inocybe rimosa Britzelm

形态特征：子实体小，菌盖直径3～5 cm，淡乳黄色至黄褐色，表面密被纤毛状或丝
　　　　状条纹，初期近圆锥形至钟形或斗笠形，中部色较深，干燥时龟裂，边缘
　　　　多放射状开裂；菌肉白色；菌褶凹生近离生，淡乳白色或褐黄色，较密，
　　　　不等长；菌柄圆柱形，长2.5～6 cm，直径0.5～1.5 cm，上部白色有小颗
　　　　粒，下部污白至浅褐色并有纤毛状鳞片，常扭曲和纵裂，实心，基部稍膨
　　　　大；担孢子椭圆形或近肾形，光滑，10.0～12.5 μm×5.5～7.5 μm。

生　　境：夏秋季成群或单独生长在林中或道旁树下地上。

价　　值：有剧毒，神经类毒素。

198 小灰球菌
Bovista pusilla (Batsch) Pers.

形态特征：子实体较小，近球形，直径1～2 cm，幼时白色，后变为浅土黄色至浅
　　　　　茶褐色，无不育基部；外包被由易于脱落的一层细小的颗粒组成；内包
　　　　　被薄而平滑，成熟时顶端开一小口；产孢体呈蜜黄色至浅茶褐色；担孢
　　　　　子球形，浅黄色，近光滑，有时具短柄，直径3.0～4.0 μm。

生　　境：生于林中地上。

价　　值：幼时可食，成熟后可药用。

199 粟粒皮秃马勃
Calvatia boninensis S. Ito & S. Imai

形态特征：子实体较小或中等大，长4～6 cm，头部宽5～7 cm，陀螺形；不育基部短而宽，表皮栗色至棕褐色，有细小斑纹和龟裂；产孢体幼时白色，成熟后暗褐色；担孢子近球形，直径3.5～4.5 μm。

生　　境：生于林中地上。

价　　值：幼时可食，成熟后可药用。

200 头状秃马勃
Calvatia craniiformis (Schw.) Fr.

形态特征：子实体中等至较大，长4.5～14.5 cm，宽3.5～6 cm，陀螺形，不育基部
　　　　　发达；包被两层，均薄质，很薄，紧贴在一起，淡茶色至酱色，初期具
　　　　　微细毛，逐渐光滑，成熟后上部开裂并成片脱落；产孢体幼时白色，成
　　　　　熟后黄褐色；担孢子近球形，具短柄，直径2.0～4.0 μm。

生　　境：生于林中地上。

价　　值：幼时可食，成熟后可药用。

201 藓生马勃（新拟）
Lycoperdon ericaeum Bonord.

形态特征：子实体洋梨形、小头形或类球形，具有清晰的不育基部，长2～3 cm，宽1.5～2.5 cm，子实体外皮有刺状突起，呈白色或灰白色，微细圆锥形，前端与周边突起的前端愈合呈星形，脆弱易剥落，内皮薄，子实体成熟后变成黄褐色或淡褐色，内部幼时白色或奶油色，成熟后呈粉末状；不育基部内部呈海绵状致密，幼时白色或奶油色，成熟后变成黄褐色；担子表面有微小的突起，呈黄褐色至橄榄褐色；担孢子球形或类球形，厚壁，直径3.5～3.7 μm×4.8～5.0 μm。

生　　境：单生、散生或簇生在树下苔藓类或地衣类繁茂的地上。

价　　值：未知。

202 网纹马勃
Lycoperdon perlatum Pers.

形态特征：子实体小，长3~8 cm，球形、卵形至陀螺形，不育基部伸长成柄，鲜时奶油色至米黄色，肉质，无嗅无味，老后淡褐色，软木栓质，表面密布小疣，间有较大易脱落的刺，刺脱落后留下淡色而光滑的斑痕，成熟后顶部开小口；担孢子黄色，表面具小疣，球形，直径3.5~4.5 μm；孢丝与孢子同色，长，有稀分枝。

生　　境：夏秋季生于林中地上，常群生。

价　　值：幼时可食。

203 星孢寄生菇
Asterophora lycoperdoides (Bull.) Ditmar

形态特征：子实体小，菌盖直径 0.5～3 cm，幼时近球形，后呈半球形，白色有厚的一层粉末，形成土黄色、浅茶褐色的厚垣孢子；菌肉白色至灰白色，肥厚；褶稀疏，白色，分叉，直生；菌柄白色，柱形，长 1～4 cm，直径 0.2～0.5 cm，内实，基部有白绒毛；担孢子无色，椭圆形，5.0～6.5 μm×3.0～3.5 μm，因厚垣孢子迅速产生往往抑制孢子的形成；厚垣孢子大量产生于菌盖表面，黄色，近球形，有小突起和一稍长的柄，直径 15～20 μm。

生　　境：寄生于几种黑菇上，可见于夏秋季松树林中。

价　　值：未知。

204 小蚁巢伞
Termitomyces microcarpus (Berk. & Broome) R. Heim

形态特征：菌盖1.5～2.5 cm，初期圆锥形，后渐伸展，中央有显著的斗笠状凸
　　　　　起，灰白色至淡褐色，光滑；菌肉白色，较厚；菌褶白色，后变为淡
　　　　　粉红色或米黄色，密，近离生，不等长；菌柄中生，长4～8 cm，直径
　　　　　0.3～0.5 cm，圆柱形，纤维质，淡褐色或灰白色，基部延伸成不明显假
　　　　　根；担孢子椭圆形，光滑，无色，非淀粉质，6.5～8.0 μm×4.5～5.5 μm。

生　　境：近地表，白蚁巢上。

价　　值：可食用，味道鲜美。

205 粗糙毛皮伞
Crinipellis scabella (Alb. & Schwein.) Murrill

形态特征：菌盖直径1～2 cm，初期半球形，成熟后平展，表面覆盖大量放射状绒毛，浅褐色至红褐色，盖中央有一深色区域，向边缘色浅变白色，盖缘有放射状沟纹；菌肉白色；菌褶直生至离生，稀，不等长，白色；菌柄长5～10 cm，直径0.1～0.2 cm，圆柱形，质韧，表面覆盖大量粗毛，灰褐色；担孢子长椭圆形，无色，光滑，8.0～10.5 μm×4.5～6.0 μm。

生　　境：夏秋季群生于针阔叶混交林腐木上。

价　　值：可药用。

206 黄鳞白纹伞
Leucoinocybe auricoma (Har. Takah.) Matheny

形态特征：菌盖 0.4～2.6 cm，幼时钟形或半球形，成熟后渐平展，中央钝圆突起，淡黄色至橙黄色，向边缘渐浅至乳白色，边缘橙黄色，不平整，微呈波浪状，表面橙黄色条纹，形成浅沟槽，幼时具橙黄色绒毛状鳞片，老后鳞片集中于中央；菌肉白色，薄，无明显气味与味道；菌褶离生，白色，薄；菌柄长 2.3～4 cm，直径 1～2.5 mm，圆柱形，中空，脆骨质，上部黄色，向下渐深至橙黄色，表面被橙黄色绒毛状鳞片，干，基部稍膨大；担孢子 5.5～6.6 μm×3.9～4.1 μm，椭圆形至长椭圆形，无色，光滑，薄壁，内含油滴，淀粉质。

生　　境：夏秋季群生于壳斗科植物腐木或枯枝落叶层上。

价　　值：未知。

207 贝科拉小皮伞
Marasmius bekolacongoli Beeli

形态特征：子实体小，菌盖直径 1.5～2.8 cm，乳黄色、淡黄白色，初期钟形、伞形，后半球形至平扁，表面光滑，中央脐部色深，由菌盖顶部向四周形成明显的放射状紫褐色沟条；菌肉近白色，薄；菌褶近白色，稀，有横脉，近直生，较宽，不等长；菌柄圆柱状，上部淡褐色至黄褐色，下部紫褐色，平滑，有白色绒毛；担孢子近长棒状，光滑，无色，17.5～27.0 μm×3.5～4.8 μm。

生　　境：生于林中落枝叶上。

价　　值：可食用。

208 红盖小皮伞
Marasmius haematocephalus (Mont.) Fr.

形态特征：子实体小，菌盖直径0.5~2.5 cm，半球形或钟形，具脐凹，脐凹中部有小尖突，污白色至浅黄色，后期呈黄褐色、深橙色至褐色，有不明显绒毛或无，有放射状、深沟状条纹或沟纹；菌肉白色，薄，无味道；菌褶离生，不等长，有横脉；菌柄长0.2~1 cm，直径0.5~1 mm，纤细，初上部淡黄色，下部或后期全部橙褐色至暗褐色；担孢子长梨核形，光滑，无色，8.0~12.0 μm×3.5~4.5 μm。

生　　境：生于阔叶林枯枝腐叶上。

价　　值：未知。

209 雪白小皮伞
Marasmius niveus Mont.

形态特征：子实体小，菌盖直径0.8～2 cm，扁半球形，中部脐状，白色，有皱，似被粉末和明显褶纹；菌肉白色，薄，无味道，无气味；菌褶白色，直生，分叉，有横脉，不等长；菌柄细长，长5～9.5 cm，直径0.1～0.2 cm，圆柱形，上部黄白色，下部深褐色，上被细粉末或近光滑，纤维质至脆骨质，基部有毛，空心；担孢子近梭形，光滑，非淀粉质，无色，7.0～9.5 μm×3.0～5.0 μm。

生　　境：群生或丛生于枯枝叶上。

价　　值：可食用。

210 淡赭色小皮伞
Marasmius ochroleucus Desjardin & E. Horak

形态特征：菌盖直径 1.1～1.5 cm，凸镜形、凸镜形至平展凸镜形，中央黄色、奶油色，边缘颜色较浅，有尖凸，光滑至有条纹；菌肉薄，白色；菌褶直生，白色，较密，有分叉；菌柄圆柱形，顶端白色，透明，逐渐变为黄褐色，非直插入基物内，基部菌丝白色、黄白色；担子 16.0～22.0 μm×6.0～8.0 μm，2孢或4孢，棒形；担孢子 9.8～11.5 μm×3.6～4.2 μm，椭圆形，弯曲，光滑，薄壁，透明，非淀粉质。

生　　境：生于夏秋季林中腐叶、枝上。

价　　值：可食用。

2.1.1 硬柄小皮伞
Marasmius oreades (Bolton) Fr.

形态特征：菌盖直径2.5～5 cm，幼时扁平球形，成熟后逐渐平展，浅肉色至黄褐色，中部稍突起，边缘平滑，湿时可见条纹；菌肉薄，近白色至带菌盖颜色；菌褶白色至污白色，直生，稀疏，不等长；菌柄长3～7 cm，直径3～5 mm，圆柱形，淡黄白色至褐色，表面被一层绒毛状鳞片，实心；担孢子椭圆形，光滑，无色，7.5～9.5 μm×3.0～3.5 μm。

生　　境：初夏至夏季的草地、路边、田野、森林等地容易形成蘑菇圈。

价　　值：可食、药用。

212 苍白小皮伞
Marasmius pellucidus Berk. & Broome

形态特征：菌盖直径2.5～4 cm，初期半扁球形，成熟后近平展，中部凹陷，菌盖表面黄白色至奶油色，水浸状，边缘具半透明的放射状条纹；菌肉白色，薄；菌褶直生至弯生，较密，不等长，白色；菌柄长4～8 cm，直径0.1～0.2 cm，上部白色，下部红褐色，被细小白色绒毛；担孢子7.0～9.0 μm×3.0～4.5 μm，椭圆形至肾形，无色，光滑。

生　　境：夏秋季群生或簇生于针阔叶混交林中落叶层上。

价　　值：未知。

213 杯伞状大金钱菌
Megacollybia clitocyboidea R.H. Petersen *et al*.

形态特征：子实体中等大小，菌盖直径4～8 cm，幼时钟形，成熟后平展至上翻，中央凹陷，边缘内卷，灰白色至灰褐色，表面干，有深色纤毛；菌肉污白色，较薄；菌褶白色，直生至近延生，稀，不等长；菌柄3～6 cm，直径0.6～0.8 cm，纤维质，上部白色，下部渐为灰褐色；担孢子卵形至宽椭圆形，光滑，无色7.0～9.0 μm×4.5～6.0 μm。

生　　境：夏秋季群生于阔叶树腐木上。

价　　值：未知。

214 宽褶大金钱菌
Megacollybia platyphylla (Pers.) Kotl. & Pouzar

形态特征：菌盖直径5～11 cm，扁半球形至平展，灰白色至灰褐色，表面干，有纤毛和放射状细条纹；菌肉白色，较薄；菌褶白色，很宽，直生至近延生，稀，不等长；菌柄长6～11 cm，直径0.8～1.5 cm，纤维质，上部白色，向下渐变为灰褐色，基部常有白色菌丝；担孢子卵形至宽椭圆形，无色，光滑，7.0～9.0 μm×5.5～7.5 μm。

生　　境：夏秋季单生或散生于阔叶林地上或腐木周围。

价　　值：报道有毒。

215 香小菇

Atheniella adonis (Bull.) Redhead, Moncalvo, Vilgalys, Desjardin & B.A. Perry

形态特征：菌盖直径0.5～1.8 cm，圆锥形或斗笠形，中央突起，老后平展，边缘外卷，淡粉色、粉红色至鲑红色，向边缘渐浅至奶油白色，膜质，表面具细小颗粒状粉末，老后近光滑，具半透明状条纹，形成沟槽，边缘常开裂呈波浪状；菌肉白色，薄；菌褶白色或带有淡粉色，直生至弯生，与菌柄连接处呈锯齿状；菌柄长3.4～6.8 cm，直径0.1～0.2 cm，圆柱形，中空，脆骨质，白色透明状，顶端带有淡粉色，表面被白色细小绒毛，基部具少量白色绒毛状菌丝体；担子棒状，23.0～30.0 μm×7.0～10.0 μm，无色，薄壁，具2小梗；担孢子6.3～7.4 μm×3.5～4.3 μm，椭圆形至长椭圆形，无色，光滑，薄壁，内含油滴，非淀粉质。

生　　境：夏秋季丛生于针阔混交林中腐木、叶上。

价　　值：未知。

216 黄白小菇
Atheniella flavoalba (Fr.) Redhead, Moncalv

形态特征：菌盖直径0.4～2.1 cm，圆锥形、凸镜形，中央具钝圆突起，后渐平展且中央稍下凹，淡黄色、黄白色，边缘渐浅至乳白色，表面光滑，具透明状条纹，形成浅沟槽，边缘不平整；菌肉白色，薄，易碎，气味不明显，味道温和；菌褶白色，弯生，褶片间偶见1小褶片，与菌柄连接处呈锯齿状；菌柄长2.5～6.2 cm，直径1.0～2.5 mm，圆柱形，中空，脆骨质，透明状至白色，上部具粉霜，下部渐光滑，基部具少量白色绒毛；担孢子5.8～7.5 μm×4.5～6.9 μm，宽椭圆形至近球形，内含油滴，无色，光滑，薄壁，非淀粉质。

生　　境：夏秋季单生、散生于草坪上。

价　　值：未知。

217 乳白半小菇
Hemimycena lactea (Pers.) Singer

形态特征：菌盖直径 1.5～3.8 cm，幼时半球形或钟形，后稍平展，中部具钝圆突起，白色，表面具粉霜至微绒毛，边缘具透明状条纹，水浸状，开裂，内卷；菌肉白色，气味柔和，味道温和；菌褶发育完全，白色，直生至稍弯生，密；菌柄长 2.9～7.8 cm，直径 1～2 mm，圆柱形，中空，脆骨质，白色，近透明，表面具白色微小绒毛，基部白色菌丝体密，质地硬；担子棒状，无色，具 4（2）小梗；担孢子 7.8～11.2 μm × 4.2～4.9 μm，圆柱形或纺锤形，无色，光滑，薄壁，非淀粉质。

生　　境：夏秋季单生或散生腐木上。

价　　值：未知。

218 假皱波半小菇
Hemimycena pseudocrispata (Valla) Maas Geest.

形态特征：子实体小型，白色；菌盖直径2～7 mm，幼时半球形或钟形，后平展至凸镜形，中部常具钝圆突起，白色，光滑，水浸状，具透明条纹；菌肉白色，薄；菌褶发育完全，白色，延生，稀疏；菌柄长1.1～2.2 cm，直径0.2～0.6 mm，圆柱形，白色，纤维质，表面具绒毛，基部具白色菌丝体；担子棒状，无色，具2小梗；担孢子7.8～9.7 μm × 2.9～3.5 μm，圆柱形或纺锤形，无色，光滑，薄壁，非淀粉质。

生　　境：夏秋季散生于针阔混交林中腐木上。

价　　值：未知。

2.19 弯生小菇
Mycena adnexa T. Bau & Q. Na

形态特征：菌盖直径 1.5～5.0 mm，凸镜形、钟形，幼时中央乳头状突起，后钝圆，白色或乳白色，幼时中央稍带淡土黄色，表面具淀粉状颗粒，湿时黏，具半透明状条纹，形成浅沟槽，边缘不平整，呈波浪状；菌肉白色，薄，易碎，气味与味道淀粉味；菌褶白色，弯生至稍延生，窄，与菌柄连接处呈锯齿状；菌柄长 0.4～1.6 cm，直径 1.0～1.5 mm，圆柱形，中空，脆骨质，白色，表面密被淀粉粒，基部圆头状，少量白色细小绒毛；担子棒状，具 2（4）小梗；担孢子（6.0）6.8 μm×8.1（9.6）μm，长椭圆形，无色，光滑，薄壁，淀粉质。

生　　境：夏秋季散生、群生于针阔混交林中腐木或枯枝上。

价　　值：未知。

220 盔盖小菇
Mycena galericulata (Scop.) Gray

形态特征：菌盖直径 3～5 cm，幼时圆锥形，成熟后平展，有时中央钝凸；菌盖表
　　　　　面铅灰色至褐色，光滑，边缘具条纹；菌肉薄，污白色；菌褶直生至弯
　　　　　生，较稀，不等长，灰白色；菌柄长 5～8 cm，直径 0.2～0.5 cm，淡褐
　　　　　色至褐色；担孢子 8.0～11.0 μm × 5.0～6.0 μm，长椭圆形，无色，光滑。

生　　境：夏秋季散生或簇生于阔叶树腐木上。

价　　值：可食用。

221 血红小菇
Mycena haematopus (Pers.) P. Kumm.

形态特征：菌盖直径 0.8～3.5 cm，幼时花蕾形，后半球形或钟形，老后稍平展，中央红色、酒红色至红褐色，向边缘渐浅至乳白色，幼时表面粉末状，老后光滑，具透明状条纹，常开裂呈锯齿状，伤后流出血红色乳汁；菌肉白色，薄，气味不明显，味道淡胡萝卜味；菌褶白色，褶缘与褶面颜色相同，直生至稍弯生，与菌柄连接处呈锯齿状；菌柄长 2.5～7.2 cm，直径 0.1～0.3 cm，圆柱形，中空，脆骨质，褐色，带有红褐色，向下颜色渐深至深褐色，表面被白色细粉状颗粒或细小绒毛，伤后流出血红色乳汁，基部具白色绒毛；担孢子 7.7～11.1 μm × 5.8～6.9 μm，椭圆形至长椭圆形，无色，光滑，薄壁，内含油滴，淀粉质。

生　　境：夏秋季丛生于针阔混交林中腐木上。

价　　值：有毒，据报道有抗癌作用，对小白鼠肉瘤 S180 和艾氏癌的抑制率均高达 100%。

222 洁小菇
Mycena pura (Pers.) P. Kumm

形态特征：子实体小，菌盖直径2～4 cm，扁半球形，后稍平展，淡紫色或淡紫红色至丁香紫色，湿润，边缘具条纹，菌肉淡紫色，薄；菌褶淡紫色，直生或近弯生，较密，往往褶间具横脉，不等生；菌柄长3～5 cm，直径0.3～0.7 cm，近柱形，同盖色或稍淡，光滑，空心，基部往往具绒毛；孢子印白色；担孢子无色，光滑，椭圆形，6.5～8.0 μm×3.5～4.5 μm。

生　　境：生于林中地上腐质层或腐木上。

价　　值：记载有毒。

223 基盘小菇
Mycena stylobates (Pers.) P. Kumm

形态特征：子实体小，菌盖直径0.5～1.5 cm，圆锥形或扁半球形，成熟后平展，具半透明沟状条纹，表面灰白色，白粉状，中部带灰色；菌肉极薄；菌褶白色，弯生，稀；菌柄长2～4 cm，直径0.1～0.2 cm，质脆，白色，表面白粉，基部隆起呈圆盘状；孢子印白色；担孢子长椭圆形或果仁形，无色，光滑，7.5～9.5 μm×3.5～4.5 μm。

生　　境：生于腐木上。

价　　值：未知。

224 短柄干脐菇
Xeromphalina brevipes T. Bau & L.N. Liu

形态特征：子实体较小，菌盖直径1～6 mm，幼时半球形或钟形，后平展，淡黄色至淡黄褐色，中部颜色较深，边缘水浸状，具条纹；菌肉白色或淡黄色，无明显气味和味道；菌褶延生，淡黄色；菌柄偏生，长2.0～5.0 mm，直径0.5～1.2 mm，圆柱形，黄褐色，中空，被绒毛，纤维质，基部被黄色菌丝体；担孢子圆柱形，无色，光滑，薄壁，内含油滴，淀粉质，4.9～5.8 μm×1.9～2.1 μm

生　　境：夏季群生于被苔藓的腐木上。

价　　值：未知。

225 黄干脐菇
Xeromphalina campanella (Batsch) Kühner & Maire

形态特征：子实体小，菌盖直径1～2.5 cm，最大不超过3 cm，初期半球形，中部菌柄处下凹，后边缘展开近似漏斗状，橙黄色至橘黄色，新鲜时具光泽，湿时黏，中央较暗，具辐射状条纹；菌肉黄色，膜质，很薄；菌褶黄白色后呈污黄色，直生至明显延生，密至稍稀，稍宽，不等长，褶间有横脉相连；菌柄长1～3.5 cm，直径0.2～0.3 cm，往往上部稍粗呈黄色，下部暗褐色至黑褐色，基部有浅色毛，内部松软至空心；担孢子无色，光滑，椭圆形，淀粉质，6.0～7.5 μm×2.0～3.5 μm。

生　　境：生于腐木上。

价　　值：药食两用。

226 两型裸脚伞
Gymnopus biformis (Peck) Halling

形态特征: 子实体较小，菌盖直径1.5～2 cm，平展，边缘卷成荷叶状，皱缩，棕
褐色，中间具浅色突起；菌褶直生至离生，白色；菌柄近圆柱形，长
2.3～3.3 cm，直径1～2 mm，与菌盖同色，被绒毛；担孢子长椭圆形或
卵形，6.0～8.0 μm×3.0～4.0 μm。

生　　境: 林中地上。

价　　值: 未知。

227 栎裸脚伞
Gymnopus dryophilus (Bull.) Murrill

形态特征：菌盖直径2～5 cm，初期凸镜形，后平展，赭黄色至浅棕色，中部颜色较深，表面光滑，边缘平整至近波状，水渍状；菌肉白色，伤不变色；菌褶离生，稍密，污白色至浅黄色，不等长；菌柄长4～8 cm，直径0.3～0.6 cm，圆柱形，脆，黄褐色；担孢子椭圆形，光滑，无色，非淀粉质，4.3～6.3 μm×2.7～3.2 μm。

生　　境：夏秋季生于林中地上。

价　　值：可食用。

228 香菇
Lentinula edodes (Berk.) Pegler

形态特征：菌盖直径5～12 cm，呈扁半球形至平展，淡褐色、深褐色至深肉桂色，具深色鳞片，边缘处鳞片色浅或污白色，具毛状物或絮状物，干燥后，子实体有菊花状或龟甲状裂纹，早期菌盖边缘与菌柄间有淡褐色绵毛状的内菌幕，菌盖展开后，菌缘有残余菌幕；菌肉厚，白色，柔软而有韧性；菌褶白色，密，弯生，不等长；菌柄长3～10 cm，直径0.5～3 cm，中生至偏生，常向一侧弯曲，实心，坚韧，纤维质；菌环窄，易消失，菌环以下有纤毛状鳞片；担孢子椭圆形至卵圆形，光滑，无色，4.5～7.0 μm×3.0～4.0 μm。

生　　境：秋季单生或散生于阔叶树倒木上。

价　　值：可食用，是著名食用菌。

229 纯白微皮伞
Marasmiellus candidus (Fr.) Singer

形态特征：子实体小型，菌盖直径0.5～1.5 cm，初半球形，后渐平展，中部稍下凹，表面具条状沟纹，黄白色至淡黄色，边缘稍内卷；菌褶较稀，延生，污白色至淡粉色，不等长；菌柄圆柱形弯曲，长0.5～1.5 cm，直径1～2 mm，黄白色，表面被粉状颗粒，实心；担孢子披针形至长椭圆形，光滑，12.0～15.0 μm×4.0～5.5 μm。

生　　境：夏秋季节生于枯枝或腐木上。

价　　值：未知。

230 皮微皮伞
Marasmiellus corticum Singer

形态特征: 菌盖直径0.6～4 cm，平展，凸镜形至扇形，中央下凹，膜质，干后胶质，白色，半透明，被白色细绒毛，具辐射沟纹或条纹；菌肉膜质，白色；菌褶直生，白色，稍稀，不等长；菌柄长0.3～0.9 cm，直径1～1.5 mm，圆柱形，偏生，常弯曲，白色，被绒毛，基部菌丝体白色至黄白色；担孢子椭圆形，光滑，无色，7.0～10.0 μm×4.0～5.5 μm。

生　　境: 夏秋季群生于混交林中腐木或竹竿上。

价　　值: 未知。

231 黄小蜜环菌
Armillaria cepistipes Velen.

形态特征：菌盖直径3～8 cm，幼时扁半球形，成熟后平展，菌盖表面黄褐色至棕褐色，被有褐色鳞片，表面湿时水浸状，边缘具条纹；菌肉白色至淡黄色；菌褶直生至近延生，密，不等长，淡黄褐色；菌柄长5～10 cm，直径0.5～1.5 cm，圆柱形，上部污白色，下部色深，有白色或浅黄色鳞片；菌环污白色或带黄色丝膜状，后期仅留痕迹；担孢子椭圆形至长椭圆形，无色，光滑，6.0～8.0 μm×5.5～7.0 μm。

生　　境：秋季群生于阔叶树倒木或腐木上。

价　　值：可食用。

232 高卢蜜环菌
Armillaria gallica Marxm.

形态特征： 菌盖直径 2.5～9.5 cm，幼时锥形，后渐凸，最后平展，潮湿时，菌盖呈棕黄色至棕色，中心颜色较深，干燥时，会稍褪色，表面覆盖有细纤毛，幼时子实体菌盖的下表面有一层絮状组织，后消失露出菌褶；菌褶最初为白色，逐渐变为奶油色或浅橙色，并覆盖着锈色的斑点；菌柄长 4～10 cm，直径 1.2～2.7 cm，菌环以上，菌柄为浅橙色至棕色，菌环以下，菌柄呈白色或浅粉红色，基部为灰棕色；菌环在菌盖以下 0.4～0.9 cm 的位置，有时被有黄色至浅棕色的絮状菌丝；担孢子椭球形，常常含有油滴，7.0～8.5 μm×5.0～6.0 μm。

生　　境： 秋季群生于阔叶树倒木或腐木上。

价　　值： 可食用。

233 金黄鳞盖伞
Cyptotrama asprata (Berk.) Redhead & Ginns

形态特征：菌盖直径2～3 cm，半球形至扁平，盖表橘红色、黄色至淡黄色，被橘红色至橙色锥状鳞片，边缘内卷；菌肉薄，污白色至淡黄色；菌褶近直生，不等长，白色；菌柄长2～4 cm，直径2.5～4 mm，圆柱形，近白色至米色，被黄色至淡黄色鳞片；担孢子近杏仁形，光滑，无色，非淀粉质，7.0～9.0 μm×5.0～6.5 μm。

生　　境：夏秋季生于腐木上。

价　　值：有毒。

234 金针菇
Flammulina filiformis (Z.W. Ge, X.B. Liu & Zhu L. Yang) P.M. Wang, Y.C. Dai, E. Horak & Zhu L. Yang

形态特征：子实体小，菌盖直径2～6 cm，初期半球形，后渐平展，黄褐色或淡黄褐色，中部色深，黏；菌肉白色；菌褶白色，弯生，较密，不等长；菌柄长度变化大（2～7 cm），上部黄白色，下部灰褐色，被绒毛；担孢子椭圆形至长椭圆形，光滑，无色或淡黄色，非淀粉质，8.0～12.0 μm × 3.5～4.5 μm。

生　　境：秋冬季节生于阔叶林地上。

价　　值：可食用。

235 长根小奥德蘑
Hymenopellis radicata (Relhan) R.H. Petersen

形态特征：子实体中等至稍大，菌盖直径5～12 cm，半球形至渐平展，中部凸起或似脐状并有深色辐射状条纹，浅褐色或深褐色至暗褐色，光滑，湿润，黏；菌肉白色，薄；菌褶白色，弯生，较宽，稍密，不等长；菌柄近柱状，长5～18 cm，直径0.3～1 cm，浅褐色，近光滑，有纵条纹，往往扭转，表皮脆骨质，内部纤维质且松软，基部稍膨大且延生成假根；担孢子近球形至球形，光滑，无色，14.0～18.0 μm × 12.0～15.0 μm。

生　　境：夏秋季单生或群生于阔叶林中地上，其假根着生在地下腐木上。

价　　值：可食用，可人工栽培。

236 卵孢小奥德蘑
Hymenopellis raphanipes (Berk.) R.H. Petersen

形态特征：菌盖直径1～12 cm，初期半球形，后渐平展，菌盖表面灰褐色、黄褐色、浅棕色、棕色至黑棕色，被白色绒毛，湿时具条纹；菌肉白色，厚；菌褶白色，直生，密，不等长；菌柄长2～30 cm，直径0.2～2 cm，近圆柱形，表面脏白色至灰色，密被棕色毡状鳞片；担孢子椭圆形，薄壁，无色透明，非淀粉样，非糊精质，13.0～21.0 μm×9.0～16.0 μm。

生　　境：夏秋季单生、群生或丛生于针阔混交林地上。

价　　值：可食用，可人工栽培。

237 泡囊侧耳
Pleurotus cystidiosus O.K. Mill.

形态特征：子实体较大或大型，菌盖直径6～12 cm，扇形至平展，初期肝褐色，灰橙褐色，表面有灰黑褐色小鳞片且中部密集呈现烟褐色；菌肉厚而繁密，白色；菌褶污白带黄，稀，延生，在柄上有交织；菌柄侧生，向下渐细呈假根状，靠基部短粗，长1～4.5 cm，直径1～4 cm，上部白色，靠下部带灰色，且往往有粗糙黄褐色毛；担孢子近圆柱形至长椭圆形，9.0～15.5 μm × 3.0～5.5 μm。

生　　境：夏秋叠生或近丛生于在腐木上。

价　　值：可食用。

238 糙皮侧耳
Pleurotus ostreatus (Jacq.) P. Kumm.

形态特征：菌盖肉质，宽5～14 cm，初扁半球形，后平展，有后檐，呈扇形、肾形、中部下凹，盖面水渍状，有纤毛，铅灰色、灰白色或污白色，盖缘初时内卷，后平展；菌肉厚，白色，味美，有清香气；菌褶延生，在柄上交织或成纵条纹，稍密至较稀，白色；菌柄侧生，短，一般长1～2 cm，或无柄，白色，内实，基部常有短的白色绒毛；孢子印白色；担孢子近圆柱形，光滑，无色，7.0～9.0 μm×3.0～4.5 μm。

生　　境：冬春季覆瓦状丛生于阔叶树腐木上。

价　　值：可食、药用；人工广泛栽培，有抗癌作用，中医用于治腰腿疼痛、筋络不适。

239 肺形侧耳
Pleurotus pulmonarius (Fr.) Quél.

形态特征：菌盖直径3～12 cm，半圆形、扇形至贝壳形，初期菌盖内卷，后平展，表面灰白色至灰褐色，光滑；菌肉白色，较厚；菌褶密，延生至菌柄上部，不等长，白色；菌柄短或无，侧生，基部常被绒毛；担孢子长椭圆形至椭圆形，无色，光滑，7.5～10.0 μm × 3.5～4.5 μm。

生　　境：春秋季群生或叠生于阔叶倒木或腐木上。

价　　值：可食用。

240 小黑轮
Resupinatus applicatus (Pers.) Singer

形态特征：菌盖直径 1~3 cm，贝壳形至侧耳形，灰棕色至黑棕色，边缘光滑至具白粉状，向基部逐渐密被绒毛，灰白色或淡黄灰色，边缘具有透明状条纹；菌肉薄，凝胶状，亮棕色；菌褶延生，深棕色，窄而较密；无菌柄，偶有假菌柄，基部具有细小的灰白色的绒毛；担孢子 4.5~6.0 μm×4.0~5.0 μm，球形或近球形，无色，非淀粉质，光滑。

生　　境：背侧生至侧生于落叶树的腐木或枯枝上。

价　　值：未知。

241 金盾光柄菇
Pluteus chrysaegis (Berk. & Broome) Petch

形态特征：子实体较小，菌盖直径3～7 cm，初期近钟形或扁半球形，后期扁平，中部稍凸起，表面湿润，鲜黄或橙黄色，顶部色深或有皱突起，边缘有细条纹及光泽；菌肉薄、脆，白色带黄；菌褶密，稍宽，离生，不等长，初期白色，后粉红色或肉色；菌柄长3～8 cm，直径0.3～0.8 cm，向下渐粗，基部稍膨大，黄白色，有纵条纹或深色纤毛状鳞片，内部松软至变空心；担孢子近圆球形或椭圆形或卵形，光滑，淡粉红色或淡粉黄色，6.0～7.0 μm×5.0～6.0 μm。

生　　境：夏至秋季生阔叶树倒腐木或锯末上，往往大量群生或丛生。

价　　值：未知。

242 鼠灰光柄菇
Pluteus ephebeus (Fr.) Gillet

形态特征：菌盖直径5～11 cm，初期近半球形，后渐平展，灰褐色至暗褐色，近
　　　　　光滑或具深色纤毛状鳞片，往往中部较多，稍黏；菌肉薄，白色。
　　　　　菌褶稍密，离生，不等长，白色至粉红色；菌柄长7～9 cm，直径
　　　　　0.4～1 cm，近圆柱形，与菌盖同色，上部近白色，具绒毛，脆，内部
　　　　　实心至松软；担孢子近卵圆形至椭圆形，稀近球形，光滑，粉红色，
　　　　　6.2～8.3 μm×4.5～6.2 μm。

生　　境：夏秋季生于倒木上或林中地上。

价　　值：可食用，味较差。

243 网盖光柄菇
Pluteus thomsonii (Berk. & Broome) Dennis

形态特征：菌盖直径2～3.6 cm，具脐状突起至扁平或平展，茶色至深褐色，中部黑色至灰色，边缘栗色至白色，有放射皱纹至轻微的细脉纹，网状隆起，周边有放射状条纹；菌肉薄，白色；菌褶初期白色或灰色，成熟时粉色至褐色，渐密；菌柄长2.4～6 cm，直径1.5～6 mm，基部稍膨大，比菌盖色淡，有纵向纤维状条纹，表面附着茶褐色粉状小颗粒，空心，纤维质；担孢子近球形至宽椭圆形，光滑，麦秆黄色至淡粉红色，6.0～8.0 μm × 4.0～6.5 μm。

生　　境：秋季单生或群生于阔叶林中杂草下的腐木上。

价　　值：未知。

244 银丝草菇
Volvariella bombycina (Schaeff.) Singer

形态特征：子实体中等至较大，菌盖直径4～9 cm或更大，近半球形、钟形至稍平展，白色至稍带鹅毛黄色，具银丝状柔毛，往往菌盖表皮的边缘延伸且超过菌褶；菌肉白色，较薄；菌褶初期白色后变粉红色或肉红色，密，离生，不等长；菌柄近圆柱形，长5～11 cm，直径0.6～1.2 cm，白色，光滑，实心，稍弯曲；菌托大而厚，呈苞状，污白色或带浅褐色，具裂纹或绒毛状鳞片；孢子印粉红色；担孢子宽椭圆形至卵形，近无色，光滑，7.0～10.0 μm×4.5～5.7 μm。

生　　境：夏秋季主要单生或群生于阔叶树腐木上。

价　　值：可食用，可人工栽培。

245 白小鬼伞
Coprinellus disseminatus (Pers.) J.E. Lange

形态特征：子实体很小，菌盖膜质，卵圆形至钟形，直径约1 cm左右，白色至污白色，顶部呈黄色，有明显的长条棱；菌肉白色，很薄；菌褶灰白色，后变黑色，较稀，直生，不等长；菌柄白色，长2～3 cm，直径约1 cm，有时稍弯曲，中空；孢子印黑色；担孢子椭圆形，光滑，淡灰褐色，6.5～9.5 μm×4.0～6.0 μm。

生　　境：在腐木上成群、成片生长。

价　　值：未知。

246 晶粒小鬼伞
Coprinellus micaceus (Bull.) Fr.

形态特征：子实体小型，菌盖直径2～4 cm，形状初期卵圆形或钟形，后期逐渐平
展至反卷颜色为淡黄色至黄褐色，有条纹或棱纹，附白色颗粒状晶体；
菌肉薄白色至淡赭褐色；菌褶离生，密，窄，不等长，初期米黄色，后
变黑色成熟时与菌盖自溶；菌柄长2～11 cm，直径2～5 cm，圆柱形，
白色至淡黄色，中空，光滑；担孢子椭圆形或短圆柱形，光滑，褐色，
7.0～10.0 μm × 5.0～6.0 μm。

生　　境：春季至秋季丛生或群生于阔叶林中树根部地生。

价　　值：幼嫩时可食，忌与酒同食。

247 辐毛小鬼伞

Coprinellus radians (Desm.) Vilgalys, Hopple & Jacq. Johnson

形态特征：菌盖幼时直径0.2~0.6 cm，高0.2~0.8 cm，成熟时直径达0.5~2.5 cm，初期球形至卵圆形，后渐展开且盖缘上卷，具有白色的毛状鳞片，中部呈赭褐色、橄榄灰色，边缘白色，具小鳞片，边缘具条纹，老时开裂；菌肉薄，初期灰褐色；菌褶弯生至离生，幼时白色，后渐变黑色，稀，不等长，褶缘平滑；菌柄长2~6.5 cm，直径0.1~0.4 cm，圆柱形，向下渐粗，脆且易碎，内部空心；菌柄基部至基物表面上常有牛毛状菌丝覆盖；担孢子椭圆形，表面光滑，灰褐色至暗棕褐色，具有明显的芽孔，10.0~12 μm × 6.0~7.5 μm。

生　　境：春至秋季生于树桩及倒腐木上，往往成群丛生。

价　　值：可药用。

248 毡毛小脆柄菇
Lacrymaria lacrymabunda (Bull.) Pat.

形态特征：子实体较小，菌盖直径3～6 cm，暗黄色、土褐色，中部浅朽叶色至黄褐色，初期钟形，渐近斗笠形，后平展，密被平伏的毛状鳞片，渐变光滑，具辐射状皱纹，顶部具密短毛，近边缘具灰褐色长毛，初期常挂有白色菌幕残片；菌肉近白色，薄，质脆；菌褶污黄色、浅灰褐色至灰黑色，边缘色较浅，直生到离生，密，窄，不等长；菌柄长3～9 cm，直径0.3～0.7 cm，圆柱形，色与菌盖相似，有毛状鳞片，上部色较浅，质脆，中空，基部有时稍膨大；无菌环，仅在菌柄上部留有黑褐色的痕迹；孢子印紫褐色至黑褐色；担孢子浅黑褐色，近卵圆形至椭圆形，具明显的小疣，9.0～12.3 μm×6.0～7.4 μm。

生　　境：春夏季群生于林中地上。

价　　值：有毒。

249 射纹近地伞
Parasola leiocephala (P.D. Orton) Redhead *et al.*

形态特征：菌盖直径0.4~1 cm，初期卵圆形至圆柱形，渐变为钟形，后期平展，灰黄色至深黄色，中部颜色稍深，边缘具放射状条纹；菌肉薄，浅黄色；菌褶离生，灰色至灰黑色，薄；菌柄长5~9 cm，直径1~2 mm，圆柱形，白色，细长，空心；担孢子椭圆形，光滑，黑褐色至黑色，7.0~8.5 μm×4.5~5.0 μm。

生　境：群生或单生于林中腐朽物上。

价　值：未知。

250 喜湿小脆柄菇
Psathyrella hydrophila (Bull.) Maire

形态特征：子实体较小，质脆，菌盖直径2～5 cm，呈半球形至扁半球形，中部稍凸起，湿润时水浸状，浅褐色、褐色至暗褐色，干燥时色浅，边缘近平滑或有不明显细条纹，往往盖边沿悬挂有菌幕残片；菌柄稍细长，圆柱形，常稍弯曲，污白色，长3～7 cm，直径0.4～0.5 cm，质脆易断，中生，空心；担孢子椭圆形，带紫褐色，光滑，5.6～7.0 μm×3.5～4.0 μm。

生　　境：夏秋季近丛生和大量群生于林内腐朽木上或腐木层上。

价　　值：可食用。

251 灰褐小脆柄菇
Psathyrella spadiceogrisea (Schaeff.) Maire

形态特征：子实体很小至中型，菌盖直径12.4～36.0 mm，初期半球形至凸镜形，后渐平展，中部略微凸起，幼时表面具白色纤毛状菌幕残留物，后光滑，由边缘至中心1/2处具半透明条纹，偶具不明显沟痕，幼时红棕色，后渐变浅为灰棕色至淡棕色，湿时表面稍黏，水浸状，干后颜色渐淡。菌肉薄，0.5～1.0 mm，初期污白色，后淡棕色，几乎无气味，味道清淡。菌褶密，直生，宽2.0～4.5 mm，不等长，初期灰白色，渐变为淡棕色，后期棕褐色至暗褐色，边缘有时齿状，具白色纤毛。菌柄中生，长48.5～72.0 mm，直径2.3～3.5 mm，中空，质地极脆，圆柱形，上下近等粗。起初上部具白色纤毛状菌幕残留物，顶端具白色粉霜状物，后整个菌柄具白色纤毛，初期上部污白色，向下渐变为浅棕色，后期下部深棕色，干时弯曲。担孢子长椭圆形，8.9～9.5 μm × 5.2～5.5 μm。

生　　境：夏季散生于阔叶林地上。

价　　值：可食用。

252 大须瑚菌
Pterula grandis Syd. & P. Syd

形态特征：子实体小，高 5～7 cm，宽 2～4.5 cm，多分枝，上部分灰白色至灰黄褐色，向下色渐深呈深褐色至黑褐色；菌柄长 0.5～1.8 cm，直径 0.2～0.4 cm，多为双叉重复分枝，部分三叉或多叉，分枝处常扁平，菌柄基部弯曲从基物中伸出，常与树叶或其他植物残体连接，分枝向顶部变细；担孢子近球形，无色，稍粗糙，近球形，4.0～6.0 μm × 3.5～4.0 μm。

生　　境：群生于阔叶树倒木上。

价　　值：未知。

253 裂褶菌
Schizophyllum commune Fr.

形态特征：子实体小型，菌盖直径0.6～4.2 cm，白色至灰白色，上有绒毛或粗毛，
　　　　　扇形或肾形，具多数裂瓣；菌肉薄，白色；菌褶窄，从基部辐射而出，
　　　　　白色或灰白色，有时淡紫色，沿边缘纵裂而反卷；柄短或无；担孢子椭
　　　　　圆形或腊肠形，光滑，无色，5.0～7.0 μm×2.0～3.0 μm。

生　　境：春至秋季生于阔叶树及针叶树的枯枝腐木上。

价　　值：可食、药用。

254 毛腿库恩菇
Kuehneromyces mutabilis (Schaeff.) Singer & A.H. Sm.

形态特征：子实体中等大小，菌盖直径2～6 cm，半球形或凸镜形，渐平展，中部常突起，边缘内卷，表面湿时稍黏，水渍状，光滑或具不明显的白色纤丝，黄褐色至茶褐色，中部常呈红褐色，边缘湿时具细条纹；菌肉白色至淡黄褐色；菌褶直生或稍延生，初期色浅，后期呈锈褐色；菌柄长4～10 cm，直径0.2～1 cm，中生，圆柱形，等粗，或向基部渐细，菌环以上近白色或黄褐色，具粉状物，菌环以下暗褐色，具反卷的灰白色至褐色鳞片，菌柄基部无附着物或具白色絮状菌丝，内部松软后变空心；菌环上位，膜质；担孢子椭圆形或卵圆形，光滑，锈褐色，5.5～7.5 μm×3.5～4.5 μm。

生　　境：丛生于阔叶树倒木或树桩上。

价　　值：可食用，可人工栽培。

255 锯齿状脆伞
Naucoria serrulata Murrill

形态特征：菌盖直径2～2.5 cm，表面光滑，无毛，潮湿，颜色均匀，暗黄褐色，边缘全缘，具细条纹；菌肉味道温和；菌褶贴生，有时随年龄的增长而分离，相当拥挤，宽，平面，伞形绒毛，灰色，边缘有细锯齿；菌柄短，近等长，光滑，无毛，苍白的或有些不毛，长2～2.5 cm，直径0.2 cm；担孢子椭球状，显微镜下呈淡黄色，光滑，8.0～9.0 μm × 5.0～6.0 μm。

生　　境：树林里的枯木上。

价　　值：未知。

256 多脂鳞伞
Pholiota adiposa (Batsch) P. Kumm.

形态特征：菌盖直径5～12 cm，初期扁半球形，边缘内卷，逐渐平展，菌盖表面新鲜时具黏状液体，菌盖鲜黄色，干后深黄色至黄褐色，菌盖表面覆有三角形鳞片，同心环状排列，新鲜时为白色绒毛状，干后为黄褐色，逐渐溶解；菌肉厚，白色至淡黄色，致密；菌褶较密，浅黄色至锈色，弯生或直生；菌柄中生，中实，纤维质，长4.0～11 cm，直径0.6～1.3 cm，覆有白色或褐色反卷鳞片，稍黏，下部常弯曲；菌环位于菌柄上位，易脱落；孢子卵圆形至椭圆形，光滑，黄褐色，芽孔微小，有的具油滴，6.0～7.5 μm × 3.0～4.5 μm。

生　　境：常生长于杨树、柳树及桦树等阔叶树干上或枯枝基部。

价　　值：可食、药用，可人工栽培。

257 棕灰口蘑
Tricholoma terreum (Schaeff.) P. Kumm.

形态特征：菌盖直径3～5 cm，扁半球形至平展，淡灰色、灰色至褐灰色，有匍匐的纤丝状鳞片；菌肉肉质，白色。菌褶弯生，白色至米色；菌柄长3～5 cm，直径0.4～1 cm，白色至污色，近光滑；担孢子椭圆形至宽椭圆形，光滑，无色，非淀粉质，5.5～7.0 μm×4.0～5.0 μm。

生　　境：夏季生于林中地上。

价　　值：可食用。

258 赭红拟口蘑
Tricholomopsis rutilans (Schaeff.) Singer

形态特征：子实体中等或较大，菌盖直径4～15 cm，有短绒毛组成的鳞片，浅砖红色或紫红色至褐紫红色；菌褶带黄色，弯生或近直生，密，不等长，褶缘锯齿状；菌肉白色带黄，中部厚；菌柄细长或者粗壮，长6～11 cm，直径0.7～3 cm，上部黄色，下部稍暗具红褐色或紫红褐色小鳞片，内部松软后变空心，基部稍膨大；担孢子宽椭圆形至近球形，无色，光滑，5.5～7.5 μm×4.0～6.0 μm。

生　境：夏秋季群生或成丛生长于针叶树腐木上或腐树桩上。

价　值：有毒。

259 毛木耳
Auricularia cornea Ehrenb.

形态特征：子实体直径2～15 cm，浅圆盘形、耳形或不规则形，有明显基部，无柄，胶质，基部稍皱，新鲜时软，无嗅无味，较厚，肉质、胶质有弹性，棕褐色或黑褐色，干后收缩；子实层生里面，平滑或稍有皱纹，紫灰色，后变黑色，外面有较长绒毛，无色，仅基部褐色；担孢子腊肠形，无色，薄壁，平滑，11.5～13.8 μm×4.8～6.0 μm。

生　　境：生于阔叶树腐木上。

价　　值：可食、药用。

260 黑木耳

Auricularia heimuer F. Wu, B.K. Cui & Y.C. Dai

形态特征：子实体直径2~9 cm，鲜时呈杯形、耳形等，棕褐色至黑褐色，柔软半透明，胶质，有弹性，中部凹陷，边缘锐，无柄或短柄；子实体表面平滑或有褶状隆起；不育面与基质相连，密被短绒毛；担孢子近圆柱形或弯曲成腊肠形，无色，薄壁，平滑，11.0~13.0 μm×4.0~5.0 μm。

生　　境：夏秋季单生或簇生于多种阔叶树倒木或腐木上。

价　　值：可食、药用，是重要的栽培食用菌。

261 短毛木耳
Auricularia villosula Malysheva

形态特征：子实体浅圆盘形、耳形或不规则形，直径2～7 cm，有明显基部，胶质，无柄，基部稍皱，新鲜时软，干后收缩；子实层生里面，平滑或稍有皱纹，金黄色至黄褐色，干后变褐色；不育面光滑，金黄色，干后褐色；担孢子腊肠形，无色，光滑，11.5～15.0 μm×5.0～6.0 μm。

生　　境：春秋季丛生于阔叶树腐木上。

价　　值：可食用。

262 黑胶耳

Exidia glandulosa (Bull.) Fr.

形态特征：子实体小，菌盖初期呈小瘤状，后扭曲互相连接呈脑状，黑色或灰褐色，平滑或表面有小疣点；菌丝锁状联合；担孢子腊肠形，12.0～14.0 μm × 4.0～5.0 μm。

生　　境：夏秋季生于阔叶树枯枝、树皮或腐木缝隙上。

价　　值：有毒，易与木耳混淆。

263 胶质刺银耳
Pseudohydnum gelatinosum (Scop.) P. Karst.

形态特征：菌盖直径1～7 cm，贝壳形至近半圆形，胶质，不黏，表面光滑或具微细绒毛，透明，白色至浅灰色、褐色或暗褐色；下部长0.2～0.4 cm，具肉刺，圆锥形，胶质，透明，白色至浅灰色，有时稍具蓝色；菌柄长0.5～1 cm，直径0.8～1.2 cm，侧生，胶质，光滑，与菌盖近同色；担孢子球形，光滑，无色，4.8～7.4 μm×4.3～7.0 μm。

生　　境：夏秋季单生至群生于针叶林及针阔混交林中的针叶树朽木及树桩上。

价　　值：可食用。

264 纺锤孢南方牛肝菌
Austroboletus fusisporus (Kawam. ex Imazeki & Hongo) Wolfe

形态特征：子实体小，菌盖直径2.5～4 cm，初近球形，后近圆锥形至平展，中央常突出，干或稍黏，灰褐色至黄褐色，覆角鳞或具龟裂纹，边缘明显延伸，具灰白色菌幕残余；菌肉白色，伤不变色；菌管离生，孔口四角至五角形，灰红色带紫色，近柄处下凹至离生，孔口直径1.5～2 mm，多角形，与菌管同色；菌柄长3～8 cm，直径0.3～0.5 cm，圆柱形，与菌盖同色，中生，实心，具纵向的褐色粗网纹，有褐色绒毛状鳞片，湿时黏，基部菌丝体白色；担孢子纺锤形，中部有疣状突起，两端近平滑，黄棕色至淡棕褐色，13.0～17.5 μm × 7.0～9.0 μm。

生　　境：单生于林中地上。

价　　值：未知。

265 淡黄绿南方牛肝菌
Austroboletus subvirens (Hongo.) Wolfe

形态特征：子实体较小，菌盖直径3～5 cm，半球形至扁半球形，后近平展，稍黏，很快干燥，并开裂呈细网眼状或鳞片状，橄榄绿色至淡棕绿色，边缘有菌幕残余；菌肉白色，伤不变色；菌管初期白色，后期呈淡粉色至粉褐色，孔口多角形，伤不变色；菌柄长5～9 cm，直径0.5～1 cm，圆柱形，干，具有明显的不规则粗糙网纹，淡棕绿色至棕褐色，基部菌丝体白色；担孢子近梭形，粗糙似火山石样坑凹，开裂成不规则小块，12.5～15.5 μm×4.0～4.5 μm。

生　　境：单生或群生于林中地上。

价　　值：未知。

266 木生条孢牛肝菌
Boletellus emodensis (Berk.) Singer

形态特征：子实体小或中等大小，菌盖直径4～9 cm，扁半球形至稍扁平，淡紫红色，被毛毡状鳞片，盖边缘常有菌幕残片悬垂；菌肉黄色，稍厚，伤后变蓝色；菌管层米黄色，离生，管口椭圆形至多角形，每毫米2个；菌柄圆柱形，稍弯曲，长7～9 cm，直径0.6～1 cm，淡紫红色，有纤毛状条纹，内实，基部膨大稍呈球根状；担孢子椭圆形近纺锤形，有纵条棱及横纹，16.0～21.0 μm×9.0～11.0 μm。

生　　境：夏秋季生于针阔叶林中腐朽树桩上。

价　　值：可食用。

267 灰褐牛肝菌
Boletus griseus Forst

形态特征：子实体中等大小，菌盖直径4.5～13 cm，初半球形，后平展，淡灰褐色、灰褐色或褐色，有时带绿褐色，具绒毛，光滑，有时龟裂；菌肉白色，伤后变色；菌管初期白色，后呈米黄色，近离生或近弯生，在菌柄周围下凹，孔口圆形；菌柄长4～12 cm，上部色淡，逐渐变灰褐色或暗褐色，基部略细，有时膨大，幼时内实，老后中空，被绒毛，有黑褐色网纹；担孢子近梭形至长椭圆形，光滑，黄褐色，9.0～13.0 μm × 3.9～5.2 μm。

生　　境：夏秋季群生于针、栎林或栗木下地上。

价　　值：可食用。

268 紫褐牛肝菌
Boletus violaceofuscus W.F. Chiu

形态特征：子实体中等或较大，生长后期褪色；菌盖半球形，后渐平展，直径5～10 cm，蓝紫色或淡紫褐色，光滑或被短绒毛，有时凸凹不平；菌肉白色，致密，伤不变色；菌管弯生或离生，在周围凹陷，初期白色，后变淡黄色，管口近圆形；菌柄长5～10 cm，直径1～2 cm，上下略等粗或基部膨大，蓝紫色，有白色网纹；担孢子长椭圆形至梭形，光滑，淡黄色，10.0～14.0 μm×5.0～6.0 μm。

生　境：夏秋季单生或群生于针栎林中地上。

价　值：可食用，味道比较好。

269 象头山牛肝菌

Caloboletus xiangtoushanensis Ming Zhang, T.H. Li & X.J. Zhong

形态特征：菌盖直径4～9 cm，近半球形至凸起或近平面，边缘通常稍内卷，表面干燥，覆盖有绒毛或短纤维至绒毛鳞片，棕褐色至灰黄色；菌肉1～1.5 cm厚，白色至黄色，有微弱的粉红色；菌管灰黄色至橄榄黄色，受伤时迅速变蓝色；菌柄3～8 cm×1～1.5 cm，亚圆筒形或棒状，实心，向下略微扩大，黄白色至浅黄色，覆盖黄红色至鲜红色网状或纵向条纹，成熟后基部逐渐褪色至灰黄色，受伤时变为浅蓝色；基底菌丝体白色至淡黄白色，受伤时逐渐变蓝；气味不明显；担孢子长圆形或梭形，9.0～13.0 μm × 4.0～5.0 μm。

生　　境：单生或散布在阔叶林的土壤上。

价　　值：未知。

270 辣牛肝菌
Chalciporus piperatus (Bull.) Bataille

形态特征：子实体中等大，菌盖直径2～7 cm，扁半球形变至近扁平，幼时边缘内卷，表面稍干燥光滑或有时具鳞片，黄褐色或红褐色，中部色暗；菌肉稍厚，浅黄色，有辣味；菌管直生稍延生，黄色至赭黄色，后变带红色，管口角形，黄色变红色至砖红色；担孢子光滑，近梭形，在 KOH 溶液中呈淡黄色，7.0～11.0 μm × 3.0～4.0 μm。

生　　境：夏秋季生于林中地上。

价　　值：可食用，但不宜多食。

271 绿盖裘氏牛肝菌
Chiua virens (W.F.Chiu)Y.C. Li & Zhu L.Yang

形态特征：菌盖直径3～6 cm，幼时扁半球形，成熟后平展，表面暗绿色、草绿色至芥黄色，具深色绒毛状鳞片；菌肉淡黄色，较厚，伤后不变色；子实层与菌柄贴生，菌管淡粉色，伤后不变色，孔口不规则多角形，密，每毫米2～3个；菌柄长5～7 cm，直径0.5～1.5 cm，圆柱形，黄色，中上部具黄色颗粒状；担孢子近纺锤形，光滑，淡粉色，11.0～14.0 μm×5.0～6.0 μm。

生　　境：夏秋季单生或散生于针阔叶混交林中地上。

价　　值：可食用。

272 日本网孢牛肝菌
Heimioporus japonicus (Hongo) E. Horak

形态特征：菌盖直径5～10 cm，半球形，后平展，表面深红色，平滑，湿时稍黏；菌肉淡黄色；菌管直生或凹生，管口鲜黄色，伤不变色；菌柄长6～13 cm，直径1～2 cm，与盖同色，近顶部黄色，表面具网纹，且有红色小疣突，实心；担孢子椭圆形，表面有网纹，9.5～15.0 μm×7.0～8.0 μm。

生　　境：夏秋季单生或散生于阔叶林地上。

价　　值：有毒。

273 皱盖拟疣柄牛肝菌
Hemileccinum rugosum G. Wu & Zhu L. Yang

形态特征：菌盖直径6.5~8.5 cm，凸，表面具皱纹至起皱，浅橙色至红橙色，近无毛，干燥，幼时在边缘稍弯曲；菌肉黄色至淡黄色，切割时颜色不变；菌柄长5~6.5 cm，直径1.2~1.7 cm，实心，近圆柱形，淡黄色至奶油色，表面有鳞片和纤维，基部菌丝体白色至黄白色；担孢子亚梭形，淡黄色至棕黄色，光滑，10.0~12.0 μm×4.0~5.0 μm。

生　　境：生于林中地上。

价　　值：可食用。

274 兰茂牛肝菌
Lanmaoa asiatica G. Wu & Zhu L. Yang

形态特征：菌盖直径5～11 cm，扁半球形至扁平，表面粉红色、红色至暗红色；
菌肉有洋葱味，淡黄色，受伤后缓慢变淡蓝色至浅蓝色；子实层体
管状，较薄，厚度仅为菌盖中央菌肉厚度的1/4～1/3；菌管及孔浅黄
色，受伤后迅速变浅蓝色至蓝色；菌柄长8～11 cm，直径1～3 cm，顶
端浅黄色至黄色，其余部位灰红色、褐红色至灰红宝石色，有时上半
部具网纹；担子棒状，4孢，24.0～52.0 μm×6.0～12.0 μm；担孢子
9.0～11.5 μm×4.0～5.5 μm，梭形，光滑，褐黄色。

生　　境：夏秋季生于松林中或针阔混交林地上。

价　　值：可食用，但要煮熟，剩余的下次食用前，也需要再煮透煮熟，否则会
致幻。

27.5 大盖兰茂牛肝菌
Lanmaoa macrocarpa N.K. Zeng, H. Chai & S. Jiang

形态特征：菌盖直径4～11 cm，近半球形，成熟后扁平，表面干燥，幼时为红色至深红色，老后为橙红色；菌盖中心约1 cm厚，黄色，受伤后迅速变为蓝色；菌管多孔状，在柄周围稍凹陷，幼时饱满，有棱角至略圆，黄色，老时有时略带红色，受伤后慢慢变为红棕色；菌柄长5.5～9 cm，近圆柱形，实心，表面黄色，有时有棕红色小鳞片，受伤时通常迅速变为蓝色，基部菌丝体白色；担孢子8.0～11.0 μm×4.0～5.0 μm，亚梭形至椭圆形，黄棕色，光滑。

生　　境：散落、群生或丛生于以壳斗科乔木为主的森林中地面上。

价　　值：有毒，致幻，谨慎食用。

276 美丽褶孔牛肝菌
Phylloporus bellus (Mass.) Corner

形态特征：菌盖直径4～6 cm，扁平至平展，被黄褐色至红褐色绒状鳞片，菌盖表
　　　　　皮由栅状排列、直径6～20 μm 的菌丝组成；菌肉米色至淡黄色，伤不变
　　　　　色或稍变蓝色；菌褶延生，稍稀，黄色，伤后变蓝色；菌柄长3～7 cm，
　　　　　直径0.5～0.7 cm，圆柱形，被绒毛黄褐色至红褐色，基部有白色菌丝体；
　　　　　担孢子9.0～12.0 μm×4.0～5.0 μm，长椭圆形至近梭形，光滑，青黄色。

生　　境：生于针阔混交林地上。

价　　值：可食用。

277 厚囊褶孔牛肝菌
Phylloporus pachycystidiatus N.K. Zeng, Zhu L. Yang & L.P. Tang

形态特征：子实体较小，菌盖直径3～5 cm，扁平至平展，被黄褐色至红褐色绒毛状鳞片；菌肉米色至淡黄色，伤不变色；菌褶延生，稍稀，黄色，伤后不变色；菌柄长2～4 cm，直径0.5～0.6 cm，圆柱形，上部黄褐色至红褐色，下部色较浅，基部有白色菌丝体；担孢子长椭圆形至近梭形，光滑，青黄色，11.0～14.0 μm×4.5～5.0 μm。

生　　境：夏秋季生于阔叶林地上。

价　　值：可食用。

278 红果褶孔牛肝菌

Phylloporus rubiginosus M.A. Neves & Hailing

形态特征：子实体较小，菌盖直径3.6～9 cm，中心稍凹陷，表面干燥，被密被绒
毛，褐红色至浅红色；菌肉0.2～1.2 cm；子实层体表面和菌肉受伤后先
变蓝绿色、再变红色、最后变为黑色；菌柄2.7～8 cm，表面覆盖有红色
至浅红色的鳞片，基部菌丝白色；担孢子近梭形至椭球状，稍厚壁，光
滑，10.0～14.0 μm×4.5～5.5 μm，侧生囊状体的细胞壁厚度可达2.0 μm。

生　　境：夏秋季生于亚高山林中地上。

价　　值：未知。

279 黄粉末牛肝菌
Pulveroboletus ravenelii (Berk. & M.A. Curtis) Murrill

形态特征：子实体小到中等，菌盖直径4～7 cm，菌盖覆有柠檬黄色的粉末，湿时稍黏，盖缘初内卷，常有菌幕残片；菌肉白色至带黄色，伤变蓝色；菌管层浅黄至暗褐色，靠近菌柄处周围凹陷，管口多角形每毫米1～2个；菌柄近圆柱形，常弯曲，内部实心，长6～7 cm，直径1～1.5 cm，靠近上部有菌环，往往因散落有孢子而呈现青褐色；担孢子椭圆形，淡黄色，7.0～9.0 μm×4.0～5.0 μm。

生　　境：夏秋单生或群生于林中地上。

价　　值：有毒，误食后主要引起头晕、恶心、呕吐等症状。

280 红鳞粉末牛肝菌
Pulveroboletus rubroscabrosus N.K. Zeng & Zhu L. Yang

形态特征：菌盖直径4～6 cm，幼时半球形，成熟后凸镜形至平展，表面底色柠檬黄色，覆有红色至红褐色粉末状小鳞片，柠檬黄色的菌幕从盖缘延伸至菌柄；菌肉黄色，伤变蓝色；菌管直生至短延生，黄白色至黄色，管口多角形，每毫米1～2个；菌柄靠近上部有丝膜状菌环，菌柄长5～7 cm，直径0.5～1 cm，圆柱形，柠檬黄色，被有黄褐色粉末，伤后变蓝；担孢子8.5～11.0 μm×5.0～6.0 μm，长椭圆形，光滑，黄褐色。

生　　境：夏秋季单生或散生于混交林地上。

价　　值：有毒，胃肠炎型。

281 中华网柄牛肝菌
Retiboletus sinensis N.K. Zeng & Zhu L. Yang

形态特征：子实体小至中等。菌盖直径4～9 cm，凸镜形至近平展，橄榄褐色至黄褐色，被细绒毛；菌肉淡黄色，伤不变色或变淡黄褐色；菌管浅黄色至米黄色，伤后变淡黄褐色；菌柄圆柱形，长4～10.5 cm，直径1～1.5 cm，黄色至淡黄褐色，具明显粗网纹；担孢子8.0～10.5 μm × 3.5～4.0 μm，长椭圆形至近梭形，光滑，淡棕色。

生　　境：夏秋季单生或散生于阔叶林地上。

价　　值：可食用。

282 张飞网柄牛肝菌
Retiboletus zhangfeii N.K. Zeng & Zhu L. Yang

形态特征：菌盖直径5～10 cm，幼时半球形，成熟后扁平至稍平展，表面暗紫色、灰紫色、棕褐色至褐色，被微细绒毛；菌肉灰白色，伤后先变蓝褐色，很快就变黑褐色；菌管近菌柄处下凹，菌管面粉紫色至淡紫褐色，伤后变蓝褐色，管孔小，多角形，每毫米2～3个；菌柄长5～10 cm，直径1.5～2.5 cm，浅土黄褐色，伤后变黑色，具明显紫灰色粗网纹，实心，基部稍膨大；担孢子9.5～11.0 μm×3.0～5.0 μm，椭圆形至近纺锤形，光滑，黄褐色。

生　　境：夏秋季单生或散生于针阔叶混交林地上。

价　　值：可食用。

283 宽孢红牛肝菌
Rubroboletus latisporus Kuan Zhao & Zhu L. Yang

形态特征：菌盖直径7～10 cm，扁平至平展，血红色，湿时胶黏；菌肉淡黄色，伤后迅速变蓝色，之后缓慢恢复至黄色；菌管黄色，伤后变蓝色；孔口橘红色至黄色，伤后迅速变蓝色；菌柄长8～10 cm，直径2～2.5 cm，近圆柱形，上部黄色，下部红褐色，有暗红色点状物；担孢子卵形至椭圆形，光滑，近无色至带粉红色，11.0～13.0 μm×6～6.5 μm。

生　　境：夏秋季生于针叶林或针阔混交林地上。

价　　值：未知。

284 远东皱盖牛肝菌
Rugiboletus extremiorientalis (Lj.N. Vassiljeva) G. Wu & Zhu L. Yang

形态特征：菌盖直径 8～7.5 cm，扁半球形至平展，杏黄色至褐黄色，有时带有红褐色，湿时黏，干燥时表皮强烈龟裂；菌肉奶油色至黄色，伤后不变色；菌管弯生，孔口和菌管淡灰黄色、浅黄色至淡灰黄色；菌柄长 6～15 cm，直径 2～4 cm，棒形至近圆柱形，杏黄色至褐黄色，被黄色至黄褐色或带红褐色小鳞片；担孢子长椭圆形至近梭形，光滑，浅黄色，10.0～13.0 μm × 3.5～4.5 μm。

生　　境：夏秋季生于林中地上。

价　　值：可食、药用。

285 刺头松塔牛肝菌
Strobilomyces echinocephalus Gelardi & Vizzini

形态特征：菌盖直径3～5 cm，初半球形，后凸镜形至近平展，污白色，密被黑色至暗紫黑色直立锥状鳞片，边缘悬垂有黑色菌幕残余；菌肉白色，伤后变褐色，随后变近黑色；菌管及孔口污白色至褐灰色，伤后变褐色，随后变近黑色；菌柄长6～10 cm，直径0.5～1 cm，圆柱形，密被黑色至近黑色鳞片；担孢子近球形至宽椭圆形，有完整网纹，7.0～10.0 μm×6.5～8.0 μm。

生　　境：夏季生于针阔混交林地上。

价　　值：未知。

286 玉红牛肝菌
Tylopilus balloui (Peck) Singer

形态特征：菌盖直径3～7 cm，突起至平展，橙红色、红褐色至橙褐色，光滑或具微绒毛，干；菌肉厚1～2 cm，白色至淡黄色，伤不变色；菌管较短，长1～3 mm，淡黄色，成熟后颜色变深，孔口多角形，与菌管同色；菌柄圆柱形，长3～6 cm，直径1.5～3 cm，圆柱形，实心，黄色至淡橙红色，有不规则网纹或纵条纹，有时基部膨大；担孢子宽椭圆形至卵圆形，壁薄，光滑，淡粉红色，5.0～7.0 μm×4.0～5.0 μm。

生　　境：夏秋季生于林中地上。

价　　值：未知。

287 新苦粉孢牛肝菌
Tylopilus neofelleus Hongo

形态特征：子实体中等至较大，菌盖直径5～15 cm，扁半球形，后平展，褐
色、红褐色或灰褐色，幼时有绒毛，老后光滑；菌肉白色，伤不变
色，味很苦；菌管层近凹生，管口之间不易分离，淡粉色；菌柄较粗
壮，长5～16 cm，直径1.5～4 cm，基部略膨大，有不明显网纹，基部
有白色菌丝体，实心；担孢子近纺锤形至腹鼓状，光滑，淡粉红色，
8.0～9.0 μm × 3.0～4.0 μm。

生　　境：夏秋季单生或群生于马尾松或混交林地上。

价　　值：有毒，会引起肠胃不适。

288 日本丽口菌
Calostoma japonicum Henn.

形态特征：子实体小，分为头部和柄两部分；头部卵圆形，0.6～1.5 cm，浅土黄色，表面粗糙有大颗粒状鳞片，顶部裂为5～6片，鲜红色；柄长0.5～1.5 cm，直径0.5～1.2 cm，由多条黄色胶质线状体交织而成；担孢子长椭圆形，无色，表面粗糙，12.0～23.0 μm×6.0～10.0 μm。

生　　境：夏季群生于阔叶林地上。

价　　值：可药用。

289 硬皮地星
Astraeus hygrometricus (Pers.) Morgan

形态特征：子实体小，直径1～3 cm，未开裂时呈球形至扁球形，初期黄色至黄褐色，渐变成灰色至灰褐色，开裂后露出地面；外包被厚，分为三层，外层薄而松软，中层纤维质，内层软骨质，成熟时开裂成6～8瓣，裂片呈星状展开，潮湿时外翻至内卷，干燥时强烈内卷，内侧褐色，常有龟裂纹；内包被薄膜质，扁球形，直径1～3 cm，灰色至褐色，顶部开一小孔；担孢子球形，薄壁，具疣状或刺状突起，褐色，7.5～10.5 μm。

生　　境：夏秋季单生或散生于林中地上。

价　　值：可药用。

290 绒毛色钉菇
Chroogomphus tomentosus (Murr.) O.K. Mil

形态特征：菌盖直径3～5 cm，近圆锥形，渐平展中部稍突，或后期下凹呈漏斗状，粉红色或橙褐色，中部色深，干时红褐色，具绒毛状小鳞片，表面干，湿时稍黏；菌肉淡褐色，老后变粉红色，较厚；菌褶初期灰白色，后变为灰色带褐色，厚，延生，稀；菌柄长4～9 cm，直径0.5～0.8 cm，同盖色或稍浅，向上和向基部渐细，内部实心，菌柄上部有丝膜状菌幕，往往消失形成一环迹痕；孢子印黄褐色；担孢子长椭圆形或长纺锤形，褐色，光滑，16.0～20.0 μm×6.5～7.5 μm。

生　　境：夏秋季生于云杉、冷杉等针叶林地上。

价　　值：可食用。

291 红铆钉菇
Gomphidius roseus (Fr.) Fr.

形态特征：菌盖直径2～6 cm，表面粉红色至玫红色，老时褐色；菌肉白色，受伤后不变色；菌褶延生，稀，幼时白色或污白色，成熟后灰白色至近黑色，受伤后不变色；菌柄长3～7 cm，直径0.5～1 cm，菌环之上白色，菌环之下污白色，被粉红色或灰色绒状至丝状鳞片，基部带黄色；担孢子近梭形至近圆柱形，光滑，15.0～18.0 μm × 5.0～6.0 μm。

生　　境：生于针叶林或针阔混交林地上。

价　　值：可食用。

292 长囊体圆孔牛肝菌
Gyroporus longicystidiatus Nagas.& Hongo

形态特征：菌盖直径5～8 cm，平展，橘黄色，边缘浅橘黄色至灰橘黄色，被同色细小鳞片；菌肉白色，伤不变色；子实层体初期米色，成熟后污白色至淡黄色，伤后变淡褐色；菌柄长4～8 cm，圆柱形至棒形，与盖同色，不平，被硬毛状鳞片，内部初海绵状，后空心；担孢子椭圆形，近无色，7.5～9.5 μm×4.5～6.0 μm。

生　　境：夏季生于针阔混交林地上。

价　　值：未知。

293 东方桩菇
Paxillus orientalis Gelardi, Vizzini, E. Horak & G. Wu

形态特征：菌盖直径 4～5.5 cm，浅漏斗状，中央有时有一小突起，边缘内卷，污白色至淡灰褐色，被褐色鳞片；菌肉污白色；菌褶下延，密，污白色至淡褐色，伤变灰褐色；菌柄长 2～5 cm，直径 0.5～1.5 cm，圆柱形，淡灰色至淡褐色，光滑；担孢子宽椭圆形至卵形，光滑，薄壁，浅锈褐色，6.0～8.0 μm × 4.0～5.0 μm。

生　　境：生于针阔混交林地上。

价　　值：有毒。

294 春生桩菇（新拟）
Paxillus vernalis Watling

形态特征：菌盖直径4～15 cm，凸面到宽凸面，有强烈的内卷，光滑的边缘，表面
　　　　黏性或干燥，光滑或具细毛，菌盖褐色至黄褐色、橄榄褐色或灰褐色；
　　　　菌柄长2～8 cm，直径2 cm，通常向基部逐渐变细；担孢子椭圆形，光
　　　　滑，6.5～10.0 μm×5.0～7.0 μm。

生　　境：单生、散生或群生于阔叶树和针叶树地上。

价　　值：未知。

295 彩色豆马勃
Pisolithus arhizus (Scop.) Rauschert

形态特征：子实体直径3～16 cm，不规则球形至呈扁球形或近似头状，光滑，但顶部凹凸，土黄色或灰黄褐色至深褐色；下部收缩成柄状基部，基部长1.8～3.5 cm，直径1～2 cm。包被薄，内包被含小包；小包幼时黄白色、黄色，成熟时黄褐色，近扁圆形或不规则多角形；切开剖面有彩色豆状物；菌柄长达5.5 cm，直径达3 cm，由一团青黄色的菌丝索固着于附着物上；担孢子球形，密布小刺，褐色，直径7.5～9.5 μm。

生　　境：单生或群生于地上。

价　　值：可药用。

296 黄硬皮马勃
Scleroderma flavidum Ellis & Everh

形态特征：子实体中等大小，扁圆球形，直径4～10 cm，佛手黄或杏黄色，后渐为黄褐色至深青黄灰色，有深色小斑片和紧贴的小鳞片，成熟时呈不规则裂片，无柄或基部似柄状，由一团黄色的菌丝索固着于地上；担孢子近球形至球形，黄褐色至暗褐色，壁厚，非淀粉质，不嗜蓝，5.8～7.0 μm × 5.6～6.9 μm。

生　　境：夏秋季群生或单生于阔叶林地上。

价　　值：可药用。

297 多根硬皮马勃
Scleroderma polyrhizum (J.F. Gmel.) Pers.

形态特征：子实体直径4～8 cm，未开裂时呈近球形、梨形至马铃薯形，浅黄色至
土黄褐色，表面常有龟裂纹或斑状鳞片；子实体基部具白色根状菌索，
成熟时顶端开裂，呈星状开裂，裂片反卷，包被厚且坚硬；孢体成熟后
暗褐色至黑褐色；担孢子近球形，表面具小疣，褐色，5.0～13.0 μm。

生　　境：夏秋季生于林缘空旷的地上。

价　　值：幼时可食，具药用价值。

298 黏盖乳牛肝菌
Suillus bovinus (L.) Roussel

形态特征：菌盖直径4～10 cm，初期半球形，后期渐平展，边缘初期内卷，后期
呈波形，肉色、浅赭黄色，胶黏，干后肉桂色，有光泽，光滑或具小鳞
片；菌肉淡黄色至奶油色；菌管延生，淡黄褐色，孔口呈多角形或不规
则形，常呈放射状排列；菌柄长2～7 cm，圆柱形，有时向下渐细，光
滑，同盖色，基部有白色絮状菌丝体；担孢子椭圆形至长椭圆形，光
滑，浅黄色，7.8～10.0 μm × 3.0～4.0 μm。

生　　境：夏秋季丛生或群生于针叶林地上。

价　　值：可食用，部分人吃后有腹泻反应。

299 点柄乳牛肝菌
Suillus granulatus (L.) Roussel

形态特征：子实体中等大小，菌盖直径4～10 cm，扁半球形或近扁平，后平展，浅
　　　　褐色或黄褐色，很黏，干后有光泽；菌肉白色或微带红色，伤后不变色；
　　　　菌管直生或稍延生，孔口多角形，表面淡黄色至绿黄色，伤不变色，老
　　　　时变褐色；菌柄长3～10 cm，直径0.8～1.6 cm，上部黄色，下部红褐色，
　　　　顶端偶有约1 cm长具网纹，腺点通常不超过柄长的一半或全柄有腺点，实
　　　　心；担孢子椭圆形至梭形，光滑，浅黄色，7.5～10.0 μm×3.0～4.5 μm。

生　　境：夏秋季散生、群生或丛生于松林及混交林地上。

价　　值：可食用，部分人吃后有腹泻反应。

300 褐环乳牛肝菌
Suillus luteus (L.) Roussel

形态特征：菌盖直径3～8 cm，幼时扁半球形，成熟后平展；菌盖表面肉褐色至猪肝色，很黏，光滑；菌肉白色至淡黄色，伤不变色，菌管直生或稍下延，在菌柄周围稍下陷，孔口小，多角形，有腺点，菌管表面棕黄色至芥黄色，伤后不变色；菌柄长3～6 cm，直径1.0～1.5 cm，圆柱形，淡黄色至黄褐色，菌环位于柄的上部，膜质，浅褐色；担孢子7.0～10.0 μm×3.0～3.5 μm，椭圆形至梭形，光滑，浅黄色。

生　　境：夏秋季单生或散生于针阔叶混交林地上。

价　　值：可食用，部分人吃后有腹泻反应。

301 黄白乳牛肝菌
Suillus placidus (Bonord.) Singer

形态特征：菌盖直径6～10 cm，扁半球形，后近平展，湿时黏滑，干后有光泽，初
期黄白色至鹅毛黄色，成熟后变污黄褐色；菌肉白色至黄白色，伤不变
色；菌管直生至延生，孔口黄色至污黄色，多角形，每毫米1～2个；菌
柄长3～5 cm，直径0.7～1.4 cm，近圆柱形，内部实心，散布乳白色至
淡黄色小腺点，后变暗褐色小点；担孢子7.5～11 μm×3.5～4.8 μm，长
椭圆形，光滑。

生　　境：夏秋季群生于松林和针阔混交林地上。

价　　值：可食用。

302 肉桂集毛孔菌
Coltricia cinnamomea (Jacq.) Murrill

形态特征：子实体1年生，具中生柄，软革质，无明显气味；菌盖近圆形，数个菌
　　　　　盖合生直径可达6 cm，中部脐状或漏斗状，厚可达3 mm，肉桂色或咖
　　　　　啡色，具不明显的同心环带，被绒毛，边缘薄，锐，干后内卷；孔口表
　　　　　面锈褐色，多角形，每毫米2～4个；菌肉锈褐色，革质，厚可达1 mm；
　　　　　菌管红褐色，软木栓质，长可达2 mm；菌柄暗红褐色，木栓质，被短绒
　　　　　毛，长可达4 cm，直径可达3 mm；担孢子宽椭圆形，厚壁，光滑，非淀
　　　　　粉质，浅黄色，6.4～8.4 μm×4.6～6.2 μm。

生　　境：群生于林地上。

价　　值：未知。

303 白杯扇革菌
Cotylidia komabensis (Henn.) D.A. Reid

形态特征：子实体白色，杯状；菌盖表面有放射状条纹和不明显的环纹，干后呈黄褐色；菌柄白色，表面被细毛；担孢子椭圆形，3.0～6.0 μm × 2.5～4.0 μm。

生　　境：秋季生于林间地上。

价　　值：未知。

304 中国胶角耳
Calocera sinensis McNabb

形态特征：子实体高5～15 mm，直径0.5～2 mm，淡黄色、橙黄色，偶淡黄褐色，干后红褐色、浅褐色或深褐色，硬胶质，棒形，偶分枝，顶端钝或尖，横切面有3个环带；子实层周生，菌丝具横隔，壁薄，光滑或粗糙，具锁状联合；担子25.0～52.0 μm×3.5～5.0 μm，圆柱形至棒形，基部具锁状联合；担孢子弯圆柱形，薄壁，具小尖，具一横隔，无色，10.0～13.5 μm×4.5～5.5 μm。

生　　境：群生于阔叶树或针叶树朽木上。

价　　值：未知。

305 桂花耳
Dacryopinax spathularia (Schwein.) G.W. Martin

形态特征：子实体高 0.8～2.5 cm，柄下部直径 4～6 mm，具细绒毛，橙红色至橙黄色，基部栗褐色至黑褐色，延伸入腐木裂缝中；担子 2 分叉，2 孢；担孢子椭圆形至肾形，无色，光滑，初期无横隔，后期形成 1～2 横隔，8.0～15.0 μm × 3.5～5.0 μm。

生　　境：春至晚秋群生或丛生于杉木等针叶树倒腐木或木桩上。

价　　值：可食用。

306 褐暗色银耳
Phaeotremella fimbriata (Pers.) Spirin & V.

形态特征：子实体中等大小，由多数宽而薄的瓣片组成，瓣片直径 4～8 cm，厚 1～2 mm，红褐色、暗红褐色至黑褐色，胶质，新鲜时柔软而有弹性，干后颜色更深，角质；担子纵裂 4 瓣；担孢子卵圆形，无色，8.0～10.0 μm×7.0～9.0 μm。

生　　境：夏秋季群生于阔叶树倒腐木上。

价　　值：可食用。

307 茶色银耳

Phaeotremella foliacea (Pers.) Wedin, J.C. Zamora & Millanes

形态特征：子实体中等大小，由多数宽而薄的瓣片组成，瓣片直径4～12 cm，厚
　　　　　1～2 mm，浅褐色至锈褐色，胶质，干后黑褐色；菌丝具锁状联合；担
　　　　　子纵裂4瓣；担孢子卵圆形，无色，9.0～11.0 μm×6.0～8.0 μm。

生　　境：夏秋季群生于阔叶树倒腐木上。

价　　值：可食、药用。

308 大链担耳
Sirobasidium magnum Boedijn

形态特征：担子果胶质，小的个体近脑状，表面多皱褶，较大的个体明显具丛生常泡囊状的叶状瓣片，长1～8 cm，宽1～6 cm，高1～3.5 cm，鲜时黄褐色至棕褐色或赤褐色，干后棕褐色至棕黑色；子实层厚50～75 μm；下担子近球形至梭形或纺锤形，4～8个成链着生，基端有锁状联合；每个下担子具纵分隔或斜分隔，稀有横分隔，分成2～4个细胞，常以2个细胞的居优势，黄褐色，11.0～29.7 μm × 6.3～12.2 μm；上担子纺锤形，早落，10.0～28.0 μm × 4.0～8.0 μm；担孢子球形至近球形，有小尖，6.0～9.5 μm × 6.0～9.0 μm，稀宽过于长，无色，萌发产生再生孢子。

生　　境：主要生长于阔叶树倒木上。

价　　值：未知。

309 橙黄银耳
Tremella cinnabarina Berk. ex Cooke

形态特征：子实体直径2～8 cm，脑状或瓣裂状，淡黄色、橙黄色至橙红色；菌
　　　　　肉胶质柔软，干后角质；担子纵裂为4瓣，具4个担孢子；担孢子
　　　　　6.0～8.0 μm×5.0～7.0 μm，近球形至卵圆形。

生　　境：夏秋季生于阔叶树的腐木上。

价　　值：可食、药用。

310 银耳
Tremella fuciformis Berk.

形态特征：子实体胶质，光滑，纯白至乳白色，一般呈菊花状或鸡冠状，直径5～10 cm，厚2～3 cm，柔软洁白，半透明，富有弹性，干后收缩，角质，硬而脆；担子纵裂4瓣；担孢子卵圆形，光滑，无色，6.0～9.5 μm×5.0～7.0 μm。

生　　境：生于阔叶树倒木上。

价　　值：可食、药用。

参考文献

陈作红, 杨祝良, 图力古尔, 等. 毒菇识别与中毒防治[M]. 北京: 科学出版社, 2016.

陈作红. 2000年以来有毒蘑菇研究新进展[J]. 菌物学报, 2014, 33(3): 493–516.

戴玉成, 图力古尔, 崔宝凯, 等. 中国药用真菌图志[M]. 哈尔滨: 东北林业大学出版社, 2013.

戴玉成, 周丽伟, 杨祝良, 等. 中国食用菌名录[J]. 菌物学报, 2010, 29(1): 1–21.

李传霞, 乔丽芳, 张毅川. 湖南高望界自然保护区植被特点[J]. 安徽农业科学, 2006, 34: 1656–1657.

李家湘, 但新球, 黄琰. 湖南高望界自然保护区维管束植物区系研究[J]. 中南林业调查规划, 2007, 26(4): 52–57.

李建宗, 陈三茂, 但新求. 湖南大型真菌资源国内、省内新记录种(4)[J]. 湖南师范大学自然科学学报, 2006, 29(4): 68–70.

李建宗, 胡新文, 彭寅斌. 湖南大型真菌志[M]. 长沙: 湖南师范大学出版社, 1993.

李建宗, 卢成英, 钟以举. 湖南大型真菌资源国内、省内新记录种(2)[J]. 湖南师范大学自然科学学报, 1995, 18(2): 64–6718.

李建宗, 卢成英. 湖南大型真菌资源国内、省内新记录种(1)[J]. 湖南师范大学自然科学学报, 1995, 18(1): 52–55.

李泰辉, 宋相金, 宋斌, 等. 车八岭大型真菌图志[M]. 广州: 广东科技出版社, 2017.

李玉, 李泰辉, 杨祝良, 等. 中国大型菌物资源图鉴[M]. 郑州: 中原农民出版社, 2015.

刘波, 彭寅斌, 范黎. 中国真菌志: 第二卷银耳目和花耳目[M]. 北京: 科学出版社, 1992.

刘芳, 宿秀江, 李迪强. 利用红外相机调查湖南高望界国家级自然保护区鸟兽多样性[J]. 生物多样性, 2014, 22(6): 779–784.

刘世好, 卢立, 但新球. 高望界自然保护区冬季大型真菌资源考察初报[J]. 湖南林业科技, 2006(4): 24–26.

卯晓岚. 中国大型真菌[M]. 郑州: 河南科学技术出版社, 2000.

图力古尔, 包海鹰, 李玉. 中国毒蘑菇名录[J]. 菌物学报, 2014, 33(3): 517–548.

王科, 陈双林, 戴玉成, 等. 新世纪中国菌物新名称发表概况（2000–2020）[J]. 菌物学报, 2021, 40(3): 1–12.

吴兴亮, 戴玉成, 李泰辉, 等. 中国热带真菌[M]. 北京: 科学出版社, 2011.

杨祝良, 葛再伟. 中国环柄菇类真菌新组合[J]. 菌物学报, 2017, 36(5): 542–551.

杨祝良. 中国鹅膏科真菌图志[M]. 北京: 科学出版社, 2015.

杨祝良. 中国真菌志: 第二十七卷鹅膏科[M]. 北京: 科学出版社, 2005.

张明, 邓旺秋, 李泰辉, 等. 罗霄山脉大型真菌编目与图鉴[M]. 北京: 科学出版社, 2023.

张平, 邓华志, 陈作红, 等. 湖南壶瓶山大型真菌图鉴[M]. 长沙: 湖南科学技术出版社, 2015.

WU F, ZHOU L W, YANG Z L, et al. Resource diversity of Chinese macrofungi: edible, medicinal and poisonous species[J]. Fungal Diversity, 2019: 1–76.

中文名索引

学名索引